**좋은 바이오텍에서
위대한 바이오텍으로**

좋은 바이오텍에서
위대한 바이오텍으로

버텍스와 리제네론에서 찾아낸 신약개발의 법칙

김성민 지음

BIOSPECTATOR

차례

좋은 바이오텍은 많지만
위대한 바이오텍은 드물다

제1장

좋음과 위대함은 다르다

올바른 일을 하는 바이오텍은
성공할 기회가 더 많다. 내가 하고
있는 일이 올바른 일인지 아닌지
걱정하는 시간을 줄일 수 있기
때문이다.

— 로이 바젤로스

좋은 사람들

바이오텍은 전통적인 형태의 기업이 아니다. 전통적인 형태의 기업에는 소비자들이 구입하길 원하는 상품이 있다. 전통적인 형태의 기업은 상품을 판 돈, 즉 매출로 가치(value)를 평가받는다. 소비자들이 실제로 그 기업의 상품을 얼마나 많이 사는지를 보면, 기업의 가치가 얼마나 되는지 짐작할 수 있기 때문이다. 그런데 바이오텍에는 소비자들에게 팔 수 있는 상품이 아직 없는 경우가 많다. 바이오텍은 신약이 될 수 있는 물질이나 기술을 개발하고 있는 기업이기 때문이다. 즉 아직 소비자에게 팔 상품이 없으니 매출이 없고, 매출이 없으니 얼마나 가치 있는지 판단하기 어렵다.

물론 기업의 가치가 당장 계산할 수 있는 매출로만 평가받는 것은 아니다. 어제 실현된 가치와 지금 실현되고 있는 가치가 있다면, 앞으로 실현될 가치도 있다. 미래의 소비자들이 간절하게 원하는 상품을 개발하고 있다면, 그 기업은 가치가 있다고 말할 수 있다. 바이오텍이 개발하고 있는 상품은 신약인데, 신약의 다른 이름은 자신 또는 사랑하는 사람의 생명과 건강이다. 소비자들은 생명을 구하고 건강을 회복할 수 있다면 기꺼이 신약에 돈을 지불한다. 질병의 종류에 따라 다르겠지만, 신약개발은 성공하기만 하면 천문학적 규모의 매출로 이어진다. 생명과 건강은 돈으로 바꾸기 어려운 가치이기에, 바이오텍이 개발한 신약은 말 그대로 부르는 것이 값이 된다. 바이오텍에는 분명 가치가 있다.

문제는 성공 가능성이다. 전 세계 제약 산업의 중심인 미국에는 약 5,000개의 바이오텍이 있다. 그런데 바이오텍이 새로 개발하는 신약, 즉 미국 FDA의 승인을 받아 실제 환자에게 처방되는 바이오텍의 상품은 1년에 10개 남짓이다. 이 정도의 확률에 '가능성'이라는 말을 붙일 수 있을까? 바이오텍에는 가치가 있지만, 그 가치는 위험을 무릅쓴 모험의 결과다.

이렇게 '바이오텍은 위험하고 모험적인 일이야!'라고 말하기는 쉽다. 그런데 바이오텍 사람들이 '위험하고 모험적'이라는 말에서 받는 느낌을 우리가 실감하기란 쉽지 않다. 신약개발 이야기를 할 때 꼭 따라붙는 말이 있다. '10년 만에 성공했다', '20년이 걸렸다', '30년의 긴 싸움이었다' 등이다. 그런데 이런 말들은 가볍게 스쳐 보낼 이야기가 아니다. 10년이면 3,650일, 20년이면 7,300일, 30년이면 10,950일이다. 신약은 규제기관의 승인을 얻고, 임상 현장에서 환자에게 처방되기 시작해야 의미가 있다. 그전에는 아무것도 담보할 수 없는, 그저 연구 중이거나 개발하고 있는 어떤 물질일 뿐이다. 바이오텍을 하는 사람들은 아무 담보 없이 수천 일, 수만 일을 버텨야 한다. 더 정확하게 말하자면 신약개발에 성공하기 전까지 '바이오텍 사람들이 버텨야 하는 하루'는 '오늘도 실패한 하루'다.

신약개발에는 큰돈이 들어간다. 역시 신약개발 이야기를

할 때 '1억 달러를 썼다', '2억 달러를 썼다', '10억 달러를 썼다'는 등의 수식어가 붙는다. 즉 매일매일 실패하면서 1,000억 원, 2,000억 원, 심지어 1조 원을 불태우고 있는 셈이다. 심지어 이 돈은 바이오텍을 하는 사람들의 돈이 아니다. 다른 사람들이 투자한 돈을 가져다가 불태운다. 남의 돈을, 그것도 엄청나게 많은 돈을 매일매일 실패하고 있는 일에 쓰고 있는 사람들의 마음 상태는 과연 어떨까?

바이오텍에 있는 모든 사람이, 특별히 대단한 뜻을 이루기 위해 또는 엄청나게 큰돈을 벌기 위해 일을 시작한 것은 아니다. 생명과학이나 생명공학, 또는 신약개발에 필요한 어떤 분야를 전공한 것을 계기로 우연히 바이오텍을 시작하거나 바이오텍에 들어갈 수도 있다. 괜찮아 보이는 특허나 기술을 갖게 되자, 함께 바이오텍을 해보자고 제안한 투자자를 만났을 수도 있다. 이미 바이오텍에서 일하고 있는 친구의 꼬임(?)에 넘어갔을 수도, 다들 바이오텍으로 향하니 유행을 좇아 일단 뛰어들었을 수도 있다. 그러나 시작이 어떠했든 어느 정도 시간이 지난 다음에도 바이오텍에서 계속 신약을 개발하고 있다면 다른 문제다. 이 사람들은 왜 바이오텍을 그리고 신약개발을 계속 붙들고 있는 것일까?

나는 이들이 '좋은 사람들'이라서 바이오텍에 뛰어들었고, 그래서 위험하고 무모하지만 신약을 개발하려 애쓰고 있다고 생각한다. 바이오텍을 하는 사람들이 자신들의 지식과 정보, 능력과 노력을 다른 쪽에 쓴다면, 돈과 명예를 얻을 확률이 좀더 높을 것이다. 따라서 굳이 위험한 바이오텍을 해야 할 이유는 없다. 또한 우연한 기회에 몸을 담았더라도, 탈출할 수 있는 기회가 있었을 것이다. 그럼에도 바이오텍을 계속 하는 이유는 아픈 사람을 고치고 죽어가는 사람을 살릴 수 있는 일을 할 수 있기 때문일 것이다. 모든 바이오텍이 그런 것은 아니지만 꽤 많은 바이오텍은, 바이오텍을 하고 있다는 것만으로도 이미 '좋은 바이오텍(good biotech)'이다.

좋은 바이오텍과 위대한 바이오텍

좋은 바이오텍은 많다. 나는 기자라는 직업 덕분에 여러 종류의 사람들을 만날 수 있었다. (모두 그런 것은 아니지만) 바이오텍에서 신약을 개발하고 있는 사람들도 좋은 사람들이었다. 이렇게 좋은 바이오텍이 많은데, 이상하게 신약은 많이 나오지 않는다. 성실하고, 똑똑하고, 선한 의도를 가진 사람들이 모여 있는 좋은 바이오텍이 꽤 많은데, 그만큼 신약은 잘 나오지 않는다. 이는 한국만의 현상도 아니다. 외국 바이오텍도 비슷하다. 좋은 사람들이 모여 있는 좋은 바이오텍들이 많았다. 그러나 한국과 마찬가지로 신약이 많이 나오지는 않는다. 좋은 사람들이 모여 있는 좋은 바이오텍이 많은데, 왜 신약은 많이 나오지 않는 것일까? 이런 궁금증은 버텍스 파마슈티컬스(Vertex Pharmaceuti-

cals, 이하 버텍스)와 리제네론 파마슈티컬스(Regeneron Pharma-
ceuticals, 이하 리제네론)를 취재하면서 조금씩 풀리기 시작했다.

　버텍스와 리제네론은 2024년 현재 기준 시가총액 1,000
억 달러를 넘어선 바이오텍이다. 두 바이오텍의 시가총액은 면
역세포(T세포)의 공격을 피하는 암세포의 회피 메커니즘을 저
해하는 '면역관문억제'라는 개념을 처음으로 입증해 항암 신
약개발 분야에서 새 장을 연 브리스톨-마이어스스퀴브(Bristol
Myers Squibb, BMS)의 시가총액, 코로나19(COVID-19) 백신을
개발해 전 세계적으로 수억 도즈(dose)를 공급한 화이자(Pfiz-
er)의 시가총액과 비슷하다. 그러나 버텍스와 리제네론은 각각
5,400여 명과 1만 명 규모의 바이오텍이고, BMS와 화이자는
각각 3만 여 명과 8만 여 명 규모의 제약기업이다. 쉽게 해석하
기 어려운 상황이다.

　버텍스와 리제네론은 비슷하게 시작했다. 둘 다 1980년대
후반에 설립되었는데, 1980년대는 바이오텍이라는 새로운 개
념의 기업들이 본격적으로 만들어지기 시작하던 때다. 1976년
설립된 제넨텍(Genentech)은 1978년 생명과학과 생명공학을
바탕으로 유전자 재조합 방식의 인공 인슐린 개발에 성공한다.
이전까지는 돼지와 소의 췌장에서 인슐린을 추출해 당뇨병 환
자에게 투여해야 했지만, 제넨텍은 유전자 조작으로 인슐린을
분비하는 대장균을 배양해서 커다란 통에 담아 놓고 인슐린을
뽑아낼 수 있었다. 이 기적과도 같은 일로 제넨텍은 최초의 바

이오텍이라는 이름을 얻었다. 그리고 제넨텍의 성공은 많은 과학자, 엔지니어, 의사들에게 영감을 주었다. 이들은 바이오텍을 만들기 시작했으며, 버텍스와 리제네론도 이 대열에 포함되어 있었다.

그러나 열풍은 거품을 만든다. 1980년대의 바이오붐은 버텍스와 리제네론이 설립되던 즈음 가라앉기 시작했다. 바이오텍으로 몰렸던 투자자들은 1990년대 IT 버블을 만드는 쪽으로 돈의 방향을 돌렸다. 그러나 거의 10년 동안 이어진 IT 버블도 꺼지기 시작했다. 트렌드는 다시 바이오텍으로 향했다. 2000년대 초반, 사람의 DNA 염기서열 전체의 지도를 그려내는 인간 유전체 프로젝트 (Human Genome Project, HGP)가 성공적으로 진행되면서 유전체 버블이 만들어지기 시작했다. 셀레라 지노믹스(Celera Genomics), 휴먼 지노믹 사이언스(Human Genome Sciences) 등 유명세를 탄 바이오텍이 미국 증시를 이끌었다. 그러나 이들 대부분 신약을 개발하지 못하고 사라졌다.

바이오붐이 꺼져 갈 때 설립된 버텍스와 리제네론은 오랫동안 어두운 시간을 보내야 했다. 버텍스와 리제네론은 첫 흑자를 보기까지 20년이 넘게 걸렸다. 두 바이오텍의 누적 적자는 이 기간 동안 각각 약 40억 달러와 약 12억 달러였다. 지독한 실패의 시간들이었다. 이 시간 동안 버텍스와 리제네론은 업계에서 놀림감 취급을 당하고는 했다. 버텍스와 리제네론에는 '비즈니스를 모르는 괴짜 과학자들', '돈 잡아먹는 괴물' 등의 수식어가 따라다녔다. 두 바이오텍 모두 보통의 바이오텍과는 다른 길을 걸었기 때문이었다. 전 세계적인 규모의 제약기업은 물론 막 시작하는 작은 바이오텍의 연구실에서도 주로 개발하려고 하는 항암 신약과는 거리를 두고, 환자의 수가 적은 희귀질환 신약개발에 힘을 쏟았다. 여기에 더해 영리를 목표로 둔 바이오 텍치고는 지나치게 기초과학에 가까운 연구, 그리고 테크니컬 한 공학적 연구에 몰두했다. 그렇다고 모두의 주목을 끄는 연구 결과를 내놓는 것도 아니었다. 마치 자기들만의 실험실에 스스 로를 가두고, 알 수 없는 연구에 빠져 있는 매드 사이언티스트 (mad scientist) 그룹처럼 보였다.

그러나 어느 순간부터 버텍스와 리제네론이 무서운 속도 로 신약을 출시하기 시작한다. 버텍스는 상업성이 없어 보이던 희귀질환인 낭포성 섬유증(cystic fibrosis, CF) 신약을 개발하더 니, 거의 대부분의 CF를 대상으로 하는 치료제를 연이어 개발 했다. 약간 과장하면 버텍스 덕분에 CF라는 희귀질환에 완치에 가깝게 대응할 수 있게 되었다. 버텍스는 여기서 멈추지 않고 세계 최초로 크리스퍼(CRISPR) 유전자 가위 기술을 바탕으로 한 신약도 내놓았다. 리제네론은 독자적인 유전학 플랫폼을 개 발했는데, 그 플랫폼을 이용해 1~2년에 1개씩 신약을 쏟아내 고 있다. 버텍스와 리제네론은 어느 순간 시가총액 1,000억 달 러를 돌파한 빅 바이오텍(big biotech)이 되었다. 좀더 정확하게 말하면 '위대한 바이오텍(great biotech)'이 되었다.

위대함에 대한 엿보기

바이오텍 구성원들은 대부분 선한 마음을 갖고 있고, 충분한 교육을 받았으며, 여러 종류의 연구 경험도 풍부한 편이다. 물론 신약을 개발하기 위해 열심이며 성실하다. 똑똑하고 좋은 사람들이, 성실하고 열심히 최선을 다해 좋은 바이오텍을 꾸려나간다. 그러나 좋은 바이오텍이 신약을 개발하기란 쉽지 않다. 신약을 개발하려면 '좋음'을 넘어서는 무엇이 더 있어야 하는 것일까?

성공 사례를 분석할 때 빠지기 쉬운 오류는 '결과론'이다. 우리는 보통 성공한 결과를 기준으로, 그 이전에 일어났던 여러 결정과 행동이 얼마나 합리적이고 올바른 것이었는지를 거꾸로 설명하고는 한다. 이런 방식은 성공의 인과관계를 논리정연하게 정리하거나, 성공 사례의 주인공들이 가진 탁월함을 보여주기에 좋다. 분명 이들에게는 탁월한 점이 있고, 성공은 우연히 일어나는 일이 아니니 타당한 분석 방식이다.

그러나 범인이 누군지 미리 알고 추리 소설을 읽어가는 방식으로는, 성공의 과정과 그 과정을 버텨온 사람들을 정확하게 이해하기 어렵다. 오히려 이런 방식은 진짜 위대함을 가릴 수 있다. 성공은 결말을 알고 있는 상태에서 실수 없이 판단하고 행동하는 데서 나오는 것이 아니기 때문이다. 성공은 잘못된 판단과 행동을 끝없이 바꿔가다가 어느 순간 결말에 도착하는 것이다.

　이 책에서는 이와 같은 성공을 위대함이라고 부르기로 했다. 버텍스와 리제네론은 수천 번, 수만 번의 실패와 수천억 원, 수조 원의 비용이 내리누르는 무게를 버티면서 신약을 개발하는 그들만의 법칙을 찾아가고 있는 바이오텍이다. 그들은 엄청난 일을 해내고 있지만, 그렇다고 그들이 신화 속에 나오는 실수와 오류를 저지르지 않는 무조건적인 영웅도 아니다. 이제 평범한 원칙을 지키는 방식으로 신약을 개발했던, 좋음 속에 숨어 있는 그들의 위대함이 무엇이었는지 구체적으로 찾아보자.

II

제2장

모두 평범한 실패를 겪는다

우리의 미션은 신약으로
환자의 건강을 회복하고
삶을 바꿔내는
혁신을 이루는 것이다.

— 버텍스

화성에 가기 vs. 알츠하이머 병 치료제 개발하기

누군가 버텍스의 창립자이자 전 CEO인 조슈아 보거(Joshua Boger, 1951~)에게 '바이오텍의 리더가 되려면 무엇이 필요한가요?'라고 물어봤다고 한다. 보거는 이렇게 대답했다.

'신약을 개발하는 것은 인간이 할 수 있는, 가장 복잡한 활동 가운데 하나입니다. 나는 기계, 항공, 전자, 우주 분야의 엔지니어는 아니지만, 당신이 나에게 1,000억 달러를 준다면 당신을 지구 밖에 있는 화성에 보내줄 수 있습니다. 보장할 수 있어요. 그 프로젝트를 수행할 조직에 대한 전권을 받고 충분한 자금이 있다면 말이죠. 하지만 당신이 나한테 1,000억 달러를 주면서 10년 안에 알츠하이머 병 치료제를 개발해줄 수 있냐고 물으면, 나의 답은 달라질 겁니다. 열심히 한번 해보기는 하겠지만 할 수 있을지 모르겠습니다.

신약이 될 수 있는 물질을 찾고, 실제로 신약을 개발하는 일은 그야말로 미친 듯이 복잡합니다. 아주 오랫동안 이 일을 함께 할 팀이 필요하죠. 이것이 신약개발과 다른 분야의 첨단 기술 사이에 있는 커다란 차이입니다. 나에게 기계, 항공, 전자, 우주 분야의 첨단 기술이 있다면, 어쩌면 18개월 후에는 화성에 보낼 수 있는 방법을 찾아낼 수도 있지 않을까요? 하지만 알츠하이머 병 치료제라면…관계된 어떤 첨단 기술을 갖고 있더라도 18년 정도는 필요할 겁니다. 짧게 잡아도 12~15년 정도는 알츠하이머 병 신약개발 팀을 유지해야 할 것 같군요.

바이오텍은 팀입니다. 리더가 팀을 만들고 함께 일을 해나가려면, 팀원들과 팀을 움직이게 만드는 동력을 이해해야 합니다. 팀원들이 서로 어떤 다른 일을 하는지 파악하는 것도 필요합니다. 이렇게 하려면 리더는 자신이 하려는 일, 그러니까 신약개발이겠네요. 이 일에 상상할 수 없을 정도의 열정을 갖고 있어야 합니다. 리더 안에는 공감과 열정이 뒤엉켜 있어야 합니다.

아 그리고 모범을 보여야 합니다. 매일은 아니었지만, 나는 자정이나 새벽 1시에 연구실의 불을 마지막에 끄는 사람들 가운데 한 명이었습니다. 연구실에 오래 있고, 잠을 덜 자야 한다는 이야기가 아닙니다. 리더에게 무언가를 보고해야 하는 팀원들은, 늘 리더를 바라보고 있습니다. 팀원들은 똑똑한 사람들이죠. 그들은 리더가 우리 프로젝트에 신경을 쓰고 있는지 아닌지 금방 알아차릴 겁니다.'

약속 지키기

'심각한 질병을 치료하는 방식을 바꾼다.' / 1989년 버텍스의 기업 비전

'우리는 특화된 시장, 즉 심각한 질병을 앓고 있는 환자의 치료 방식을 바꾸는 의약품을 개발하는 과학적 혁신에 투자한다.' / 2024년 버텍스의 기업 비전

2012년 버텍스는 낭포성 섬유증(cystic fibrosis, CF) 치료제 칼리데코(KALYDECO®, 성분명: Ivacaftor)의 미국 FDA 승인을 받았다. CF는 미국 기준으로 매년 수천 명 정도 새 환자가 보고된다. CF는 치명적인 희귀 유전병으로, 치료제가 없어 CF 환자는 20대 정도까지 생존할 것으로 예상되었다. 그런데 칼리데코를 비롯해 버텍스가 개발한 CF 치료제들은 환자를 정상인의 기대 수명인 70~80세까지 살 수 있게 해주었다. 칼리데코 이전에는 CF를 치료할 수 있는 치료제가 없었으며, 증상을 완화하는 의약품이 있었을 뿐이었다. 즉 칼리데코와 그 뒤를 이은 버텍스의 치료제들은 CF라는 희귀 유전병을 치료하는 첫 번째 치료제인 셈이다.

2023년 버텍스는 카스게비(CASGEVY™, 성분명: Exagam-glogene autotemcel [Exa-cel])를 내놓는다. 최초의 '크리스퍼

(CRISPR) 유전자 가위 치료제'라는 타이틀을 차지한 카스게비는 환자의 적혈구 모양이 이상하기 때문에 발생하는 베타 지중해성 빈혈(transfusion-dependent β thalassemia, TDT)과 겸상 적혈구병(sickle cell disease, SCD) 치료제다. 두 질병 모두 적혈구를 만드는 유전자에 변이가 생겨서 발생한다.

TDT는 변이가 생긴 유전자로 인해 원반 모양이 아닌 비정상적으로 찌그러진 사각형 모양의 적혈구가 만들어지는데, 모양이 이상한 탓에 환자의 적혈구는 충분한 산소를 운반하지 못한다. 심각한 빈혈이 생기지만, 마땅한 치료제가 없어 환자는 평생 수혈을 받아야 한다. 단 수혈을 받아도 환자의 사망 위험을 모두 없애지 못한다. SCD도 적혈구를 만드는 유전자 변이로 인해 발생한다. 정상적인 적혈구는 둥근 원반 모양이어야 하는데, SCD 환자의 적혈구는 날카로운 낫 모양이다. 그리고 날카로운 모양의 적혈구가 환자의 혈관을 막아 통증을 일으킨다.

그런데 버텍스의 카스게비는 TDT와 SCD를 한 번의 주사 투여로 치료한다. 카스게비는 완치에 가까운 치료 효과를 환자에게 제공한다. 버텍스는 1989년 바이오텍을 설립하면서 했던 약속을 결국 지켰다. 30년이라는 시간이 걸렸지만 '중증 질환을 혁명적인 방법으로 치료한다'는 약속을 지켰고, 앞으로도 계속 이어가겠다고 말하고 있다. CF, TDT, SCD 치료제 개발에 도전했던 버텍스는 통증, 희귀 신장질환, 제1형 당뇨병(T1D), 알파-1 항트립신결핍증(AATD)처럼, 누구도 선뜻 개발에 나서지 않는 질병의 치료제를 고집스럽게 개발하려고 도전하고 있다.

버텍스가 이 질병들로부터 환자들을 구출해낸 대가로 받은 보상은 어느 정도일까? 버텍스의 신약들은 2023년에 약 98억 7,000만 달러의 매출을 올렸다. 이는 2022년 대비 11% 늘어난 숫자다. 2024년에는 100억 달러를 넘길 것으로 예상한다. 2024년 2월 기준 버텍스의 시가총액은 1,000억 달러를 넘어섰다. 이렇게 돈을 많이 버는 바이오텍이지만, 이렇게 돈을 많이 쓰는 바이오텍도 없을 것이다. 버텍스의 2023년 영업이익은 43억 달러, 순이익은 39억 달러 정도였다. 그런데 2023년 버텍스는 R&D, 인수, 파트너십에 약 42억 달러를 썼다. 거칠게 말하자면 번 돈을 모두 신약개발에 쏟아붓고 있다.

조슈아 보거

바이오텍도 사람이 하는 일이다. 버텍스를 이해하려면 버텍스를 만든 사람을 알아야 한다. 1989년 조슈아 보거는 버텍스를 설립한다. 그는 11년 동안 거대 제약기업인 미국 머크(Merck & CO., 이하 머크)의 기초 화학 부서에서 일했는데, 면역학, 염증학, 생물물리화학(biophysical chemistry) 분야의 의약화학 부문을 이끌던 화학자였다. 보거는 학부에서 화학을 전공하고 박사학위도 화학으로 받았는데, 철학을 전공하기도 했다.

보거는 30대 중반의 나이에 머크의 기초 화학 부문 선임책

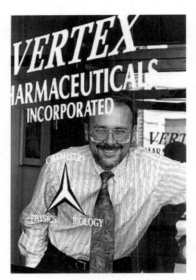

조슈아 보거

임자(senior director)가 되었다. 또한 1년에 10억 달러 정도의 연구비를 쓰는 머크의 연구 부문 최고 책임자 후보군에 포함되었다. 또래의 다른 연구자들에 비하면 매우 빠른 승진이었다. 그러나 보거는 머크를 그만두고 바이오텍을 시작하기로 했다. 한계를 느꼈기 때문이다.

2024년의 머크는 키트루다(KEYTRUDA®, 성분명: Pembroli-zumab)로 항암 신약개발 부문에서 혁신을 이끌고 있는 기업이다. 그러나 1980년대의 머크는 다른 대형 제약기업들과 비슷한 방식으로 신약을 개발하고 있었다. 수십만 개에서 많게는 수백만 개의 물질을 모아 놓고, 질병에 대한 치료 효과가 있는지 없는지 하나하나 대입해보는 스크리닝(screening) 방식이었다.

보거가 보기에 이는 마치 '전 세계에서 모아온 먼지 샘플을 고운 체로 거르는 것과 같은 방식'으로 신약이 될 만한 물질을 찾는 것과 같았다. 원숭이가 타자기 앞에 앉아서 무작위로 자판을 누르다가 셰익스피어의 희곡을 써낼 확률에 기대하는 것과 다를 바 없는 이런 방식의 신약개발에 회의를 느낀 보거는 다른 방식을 찾고 싶었다. 그는 연구자가 신약으로 개발할 수 있는 물질을 과학적, 기술적, 논리적으로 찾아낼 수 있다고 보았다.

보거가 고민에 빠져 있던 1980년대 중후반에는, 서서히 바이오 의약품에 대한 개념이 정리되어가고 있었다. 당시는 유전자 클로닝(cloning)과 같은 분자생물학의 발전이 있었고, 인간 유전자의 염기서열 지도를 그리는 방대한 프로젝트가 구체적으로 시작되었으며, 유전자 재조합 기술을 바탕으로 인슐린의 합성에 성공한 제넨텍이 바이오텍이라는 개념의 기업도 신약을 개발할 수 있다는 것을 보여주었다. 그리고 이는 분자생물학(molecular biology)을 바탕으로 한 신약개발에 대한 기대를 불러일으켰다. 이런 환경에서 야심찬 분자생물학자들이 제넨텍을 따라 바이오텍을 설립하기 시작했다.

새로운 방식의 신약개발에 관심을 갖고 있던 보거도 바이오 의약품이라는 트렌드를 알고 있었다. 다만 그는 분자생물학을 바탕으로 한 새로운 개념의 신약개발은 좀더 검증을 거쳐야 한다고 보았다. 보거가 화학자였던 것도 작용했겠지만 다른 이유도 있었다. 그는 저분자화합물 신약개발 부문에서 혁신을 일으켜 머크와 경쟁하기를 원했다. 그리고 머크보다 더 나은 분자를 만들기를(build a better molecule) 원했다.

이를 위해 보거는 '새로운 방식'으로 연구 조직이 운영되어야 한다고 보았다. 신약개발은 사람이 하는 일이고, 여러 명이 함께 하는 일이다. 따라서 신약개발 조직을 어떤 형태로 꾸리고 어떤 방식으로 운용할 것인가 하는 것이 중요하다. 그런데 보거의 눈에는 머크조차도 혁신적인 신약을 개발하기 어려운 조직 구조를 가지고 있었다. 예를 들어 머크에서 화학자들이 특정 신약개발 프로젝트에 배치되면, 만들어내야 하는 화합물의 개수를 할당받았고, 화학자들은 이 숫자를 채워야 했다. 연구자들은 무엇이 가장 좋은 물질인지, 가장 좋은 물질을 찾으려면 어떻게 해야 하는지 고민하기보다 할당량을 채웠는지 그렇지 못했는지에 더 신경을 써야 했다. 이는 머크뿐만 아니라 당시 주요 제약기업들 사이에서 일반적인 모습이었다.

물론 이런 방식이 반드시 잘못된 것만은 아니었다. 머크는 고콜레스테롤, 고혈압, 골다공증과 같은 만성질환 분야에서 신약을 차례로 개발했고, 이 과정에서 기업의 덩치도 전 세계적인 규모로 커졌다. 큰 덩치를 유지하려면 이미 개발한 치료제를 중심으로 좀더 개선된 약을 꾸준히 만들어 매출을 유지할 필요가 있다. 그리고 이를 위해 어느 정도 관료주의적으로 연구 조직을 운용해야 했다. 한편 덩치가 커지면서 큰 조직의 장점을 활용할 수도 있었다. 수많은 연구자들이 각자 정해진 수의 물질을, 정해진 기간 동안 만들어내면 좀더 높은 확률로 적합한 물질을 찾아낼 수 있을 것이기 때문이었다.

머크를 비롯한 당시 대형 제약기업들의 신약개발 방식에는 장점과 효과가 있었다. 그러나 단점과 한계도 뚜렷했다. 어느 순간부터 연구자들은 실제 효과가 있을 것으로 예상되는 화합물을 합성하려고 노력하기보다는, 정해진 할당량을 채우는데 더 신경을 쓰게 되었다. 여기에 더해 대규모 조직 관리에 필요한 '사무적인 업무 보고 체계'가 복잡해지기 시작했고, 중요한 정보와 그렇지 못한 정보가 구분되지 않은 채 의사결정 테이블에 올라왔다. 이런 환경에서 혁신적인 아이디어, 개념, 물질을 골라내 집중하기는 점점 더 어려워졌다. 보거는 이런 식의 연구가 '연구자들을 매료시키지 못했고', '혁신적인 신약개발을 정체시키는 원인'이라고 보았다.

보거는 혁신적인 신약을 만들 수 있는 연구 조직을 고민했다. 새로운 연구 조직에서는 물량 중심의 스크리닝 방식과 이를 관리하기 위한 중층적인 의사결정구조를 걷어내고, 연구자가 직접 신약개발의 주도권을 잡아야 했다. 보거는 버텍스에서 모든 연구자가, 모든 신약개발 프로젝트를 함께 관리하는 방식을 고민했다. 연구자는 각자 자신의 개발 프로젝트를 진행하지만, 다른 연구자들과 자신의 프로젝트 진행을 공유한다. 이와 같은 연구자들의 일상적인 세미나 또는 협의체에서 연구자들이 서로 도움을 주고받을 것이라고 생각했다. 마치 기초과학을 연구하는 대학원 연구실과 비슷해 보이는 방식이다. 보거는 연구자들의 직위도 없애버렸는데 이런 방식이 너무 급진적이었기에, 외부에서 연구자를 영입하려고 할 때 직위를 제시할 수 없어 곤란한 상황도 있었다고 한다.

이런 식의 연구실 운영은 그 자체가 '사회적 실험'이었다. 보거의 연구 조직에서라면 연구자 그룹 사이에서 성과로 인정받는 연구자가 자연스럽게 그룹의 리더가 되고, 다른 연구자들이 리더의 영향력 아래에서 개별적으로 연구를 해나가며 신약개발을 성공시킬 것이다. 그리고 이런 방식이 성공한다면 공식적인 책임과 권한, 권위와 위계로 움직이는 사회보다 나은, 그러나 지금까지와는 전혀 다른 모습을 가진 사회가 가능하다는 것을 보여줄 수 있을 것이었다.

보통의 성공과 보통의 실패

보거가 머크를 떠난 것은 머크가 나쁜 제약기업이어서가 아니었다. 지금도 그렇지만 당시에도 머크는 대단한 제약기업이었다. 머크의 창립자 조지 머크(George W. Meck, 1894~1957)는 '의약품은 환자를 위한 것이라는 점을 잊지 말아야 한다. 의약품은 이익을 위한 것이 아니다'라고 강조했다. 보거는 머크에서 이 말을 소중하게 챙겨서 나왔고, 버텍스에 그대로 적용했다. 보거는 머크에서 나올 때 특허나 기술을 가지고 나오지 않았지만, 비전과 미션을 담고 있는 한 가지 말을 더 가지고 나와서 자기 집에 있는 화이트보드에 적었다고 한다.

> '머크처럼 될 것. 그러나 머크보다 빠르게, 더 나은 약물을 디자인할 것. 그렇게 21세기의 제약기업이 될 것.'

버텍스의 설립이 1989년이었으니 20세기 후반이다. 그리고 20세기가 끝나갈 무렵에 '21세기적인 제약기업이 되겠다'고 말하는 것은 조금 상투적으로 들린다. 그러나 이 말의 뜻은 생명과학, 화학, 물리학, 컴퓨터 과학을 유기적으로 연결하고,

합리적으로(rational) 판단해 신약을 개발하겠다는 것이었다. 2024년의 눈으로 보면 당연한 말이지만 보거가 버텍스를 시작할 때만 해도 이런 방식의 접근법은 일반적이지 않았다. 버텍스는 디자인이 더 잘 된 신약을, 더 빠르게 만들 수 있으려면 프레임을 바꿔야 한다고 생각했다.

커다란 포부로 시작했지만 버텍스가 처음부터 특별했던 것은 아니다. 도전하는 것 그 자체로 특별해 보이는 희귀질환 치료제 개발도 버텍스의 시작이 아니었다. 버텍스의 초기 신약개발 파이프라인은 면역억제제, 감염병, 자가면역질환 치료제 개발과 항암제 개발로 이루어져 있었다. 이는 당시의 보통의 바이오텍의 파이프라인과 비슷했다. (사실 이 정도의 라인업은 2024년 현재 일반적인 바이오텍의 신약개발 파이프라인과도 큰 차이가 없다.) 그리고 버텍스도 다른 여러 바이오텍처럼 순조롭지 않은 신약개발의 길을 걷기 시작했다.

버텍스의 초기 신약개발 프로젝트는 사실상 모두 실패했다. 버텍스가 도전했던 인간 면역결핍 바이러스(human immunodeficiency virus, HIV) 치료제 개발을 보자. 1980년대 중후반 미국은 HIV로 공포에 휩싸였다. 정체불명의 이 바이러스는 인간의 면역 계통을 공격해 면역 기능을 떨어뜨렸다. 면역 기능이 정상적이라면 가볍게 앓고 지나갈 수 있는 폐렴도, HIV에 감염된 사람에게는 치명적이었다. 성접촉, HIV에 감염된 공여자의 혈액을 수혈받는 등의 경로로 감염자가 늘어났지만 마땅한 치료제가 없었다. HIV에 감염되는 것은 '20세기 흑사병'에 걸리는 것으로 여겨졌다. 이에 제약기업들은 HIV 바이러스를 타깃하는 신약개발에 도전했다.

버텍스는 HIV 프로테아제(protease)를 저해하는 물질인 암프레나비르(Amprenavir)를 발굴했다. HIV 프로테아제는 HIV에 감염된 면역세포(T세포) 안에서 HIV를 성숙한 형태로 바꿔준다. 따라서 HIV 프로제테아제를 저해하는 물질을 환자에게 투여하면 HIV는 미성숙한 상태로 남을 것이고, 더 이상 면역세포(T세포)를 감염시키지도 파괴하지도 않을 것이다.

1993년 버텍스와 글락소웰컴(Glaxo Wellcome)은 파트너십을 맺고 암프레나비르를 신약으로 개발하기 시작했다. (이후 2000년에 글락소웰컴과 스미스클라인이 합병해 GSK가 되었다.) 1999년 두 기업은 미국 FDA로부터 시판허가를 받아 아게네라아제(AGENERASE®)를 내놓았다. 그런데 아게네라아제가 출시될 때 이미 같은 계열인 HIV-1 프로테아제 저해 방식의 사퀴나비르(Saquinavir), 인디나비르(Indinavir), 리토나비르(Ritonavir) 등과 같은 HIV 의약품이 개발되어 있었다.

한발 늦게 개발되기는 했지만 버텍스의 아게네라아제와 그 프로드러그(prodrug)인 렉시바(LEXIVA®, 성분명: Fosamprenavir Calcium)는, 2007년에 GSK로부터 로얄티 4,800만 달러를 받았다. 적지 않은 로열티를 받는 신약을 개발했으니, 버텍스는 스스로 성공했다고 여겼을까? 버텍스는 2008년, 아게네라아제와 렉시바에 대한 로열티를 1억 6,000만 달러를 받고 파트너사인 GSK에 모두 넘겨버린다. 버텍스가 돈을 벌려고 했다면 로열티를 계속 받는 것으로 충분했을 것이다. 그러나 계속해서 신약개발에 들어가는 돈을 확보해야 한다고 여겼다면, 매년 받는 정도의 로열티로는 부족하다고 여겼을 것이다. 버텍스는 더 많은 연구비를 원했다. 어쩌면 아게네라아제와 렉시바는, 버텍스가 추구했던 연구 모델에 따른 신약개발이 아니었다고 생각했는지도 모른다.

버텍스는 아게네라아제와 렉시바에 대한 로열티를 판 돈으로 C형 간염(hepatitis C virus, HCV) 치료제 개발에 들어간다. 1980년대 후반에 발견된 HCV는 간암으로 이어질 수 있는 치명적인 질병이다. 버텍스가 HCV 치료제 개발에 뛰어들었을 때 HCV에 대한 대책이 급했다. 당시 가장 흔하면서 치료하기 어렵다고 알려진 HCV 유전자형(genotype) 1에 감염된 환자에게 항 바이러스제인 리바비린(Ribavirin)과 인터페론 약물(peginterferon alfa)을 함께 투여하는 것이 보통이었다. 그러나 바이러스가 제거되는 비율은 40~50% 정도였다. 문제는 약물에 반응하지 않는 나머지 환자에 대한 치료제로 마땅한 것이 없었다는 점이다.

인터페론으로 인한 부작용도 문제였다. HCV 환자는 1년 정도 이 표준요법을 투여 받아야 했다. 그런데 투여 과정에서 인터페론으로 인한 수면장애, 두통, 복통, 설사, 탈모, 현기증,

수면장애, 기분 변화 등의 부작용이 흔하게 나타났다. 심각한 경우 자가면역질환이나 뇌졸중에 걸릴 위험도 있었다.

그나마 치료법이 없는 환자의 경우, HCV가 계속 진행되면서 심각한 간 부전이 온다. 이때는 외과적인 방식으로 간에서 손상된 곳을 잘라내고, 간 이식 수술을 하는 것 말고 다른 방법이 없었다. 당시 미국 기준으로 약 270만 명이 HCV에 감염된 것으로 추정되었지만, 자신이 HCV에 감염된 사실을 모르는 경우가 대부분이었다고 한다. HCV는 HIV와 함께 '공포의 질병'이었다.

버텍스는 2006년부터 HCV 치료제 후보물질인 텔라프레비르(Telaprevir, VX-950)의 임상시험 결과를 내놓기 시작했다. 그리고 치료를 받은 적이 없는(treatment-naïve) HCV 감염 환자 580명을 대상으로, 전 세계 55개국에서 대규모 임상2상을 시작했다. 2007년 초반에는 1,000명으로 임상시험 규모를 늘렸다.

텔라프레비르는 바이러스 복제에 필수적인 효소인 HCV 프로테아제를 저해하는 물질이다. HIV 프로테아제를 저해해 HIV가 기능하지 못하게 만드는 암프레나비르와 비슷한 메커니즘이었다. 버텍스는 구조 기반 약물 디자인(Structure-based drug design, SBDD) 방식으로 텔라프레비르를 찾았다. SBDD는 타깃하려는 단백질의 결합 부위의 물리적이고 형태적인 구조를 바탕으로 이곳에 결합할 수 있는 후보물질을 찾는 방식이다.

2024년 기준으로 보면, 딱 맞는 열쇠와 자물쇠를 찾는 것과 같은 방식으로 후보물질을 발굴하는 것은 신약개발에서 일반적이다. 그러나 당시에는 이제 막 시도되고 있던 개념이었다.

버텍스는 텔라프레비르를 가지고 HCV 신약을 개발하기로 한다. 2011년 미국 FDA는 버텍스의 HCV 치료제 인시벡(INCI-VEK®)의 시판허가를 결정했다. 인시벡은 기존 표준 치료제인 인터페론 약물과 항 바이러스제의 병용요법보다 20~45%까지 높은 반응률을 보여주었다. 또한 대부분의 환자에게 치료 기간을 기존의 48주에서 24주로 줄여줄 수 있었다. 이 정도면 버텍스의 두 번째 신약은 꽤 성공적이라고 봐도 되지 않을까?

출시 후 첫 1년 동안 인시벡은 15억 6,000만 달러어치가 처방되었다. 이는 1999년 화이자(Pfizer)의 관절염 치료제 COX-2 저해제 쎄레브렉스(CELEBREX™, 성분명: Celecoxib)가 출시 후 1년 동안 15억 5,500만 달러의 매출을 올리면서 세운 기록을 깬 것이었다. 그러나 인시벡의 성공은 길지 않았다. 2013년 12월 미국에서 시판허가를 받은 길리어드 사이언스(Gilead Sciences, 이하 길리어드)의 항 바이러스제 소발디(SO-VALDI®, 성분명: Sofosbuvir)가 나왔기 때문이다. 길리어드는 버텍스보다 2년 먼저 설립된 바이오텍이었다.

소발디는 바이러스 RNA 중합효소(polymerase) 저해 방식의 신약이었다. HCV의 유전정보는 단일 가닥(single-stranded) RNA에 담겨 있다. HCV의 유전정보는 크게 바이러스의 껍데기를 만드는 단백질 정보와, 바이러스의 복제에 사용되는 효소를 만드는 단백질 정보로 나뉜다. 바이러스 복제에 사용되는 효소를 만드는 단백질 정보 가운데 NS5B가 있는데, NS5B는 HCV의 RNA가 합성될 수 있도록 한다. 그런데 소발디는 NS5B와 구조가 비슷한 물질이다. 환자가 소발디를 먹으면 HCV에 감염된 간세포 안으로 이동하는데, 이때 소발디의 구조가 NS5B와 비슷하기에 NS5B로 착각을 일으킨다. 단 소발디는 NS5B가 해야 할 일을 하지 않는 물질이므로, HCV의 RNA 합성이 방해받는다. 바이러스는 복제에 실패하고, HCV는 치료된다.

소발디의 약효는 탁월했다. 소발디는 부작용이 있는 인터페론 약물과의 병용투여를 줄이거나, 아예 인터페론 약물을 투여하지 않아도 되었다. 치료 반응률이 90%로 매우 좋았고, 12주 동안만 약을 먹으면 되었다. 소발디는 인시벡보다 좋은 신약이었다. '좋다'와 '나쁘다'는 가치에 대한 평가이며, 가치에 대한 평가는 시장이 내린다. 소발디가 처방되기 시작하자 인시벡의 매출액은 1/3로 줄어들었다. 버텍스는 다시 결정을 내린다. 소발디가 인시벡보다 좋은 신약이라는 것은 인시벡이 실패한 약이라는 뜻이었고, 신약개발에서 실패는 늘 있는 일이니 빠르게 정리하고 새로운 신약개발로 넘어가면 될 뿐이었다. 빠르게 실패하고 실패했을 때는 과감하게 내려놓기로 한 버텍스는, 15년 동안 개발한 인시벡을 4년만에 시장에서 거두어들였다.

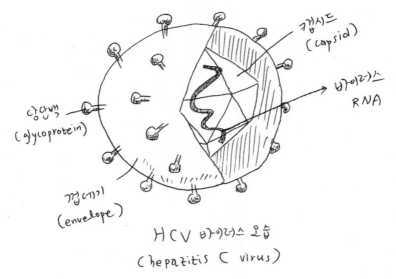

갭시드
(capsid)

바이러스
RNA

당단백
(glycoprotein)

껍데기
(envelope)

HCV 바이러스 모습
(hepatitis C virus)

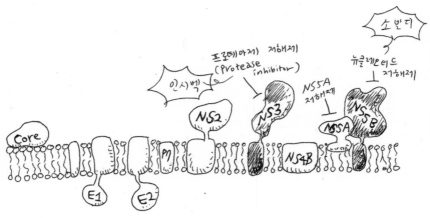

소반다

뉴클레오타이드 저해제

NS5A
저해제

프로테아제 저해제
(Protease inhibitor)

인시벡

Core   E1   E2   P7   NS2   NS3   NS4B   NS4A   NS5A   NS5B

C형 간염은 바이러스 감염으로 시작된다. 여느 바이러스처럼 C형 간염의 원인이 되는
HCV도 캡시드(capsid) 안에 있는 RNA에 유전 정보가 담겨 있다.(왼쪽 위) 버텍스는 인간
면역결핍 바이러스(HIV) 신약을 개발할 때 사용했던 프로테아제 저해제(protease inhibitor)
방식으로 HCV 치료제를 개발하기로 한다. 그리고 텔라프레비르(Telaprevir)를 발굴했다.
텔라프레비르는 NS3/4A 세린 프로테아제를 억제하는데, 이렇게 되면 프로테아제의
활성이 저해된다.(왼쪽 아래) 프로테아제의 활성이 저해되면 바이러스 복제에 어려워지고,
HCV의 감염은 멈춘다. 버텍스는 텔라프레비르로 인시벡을 개발했다. 그런데 길리어드는

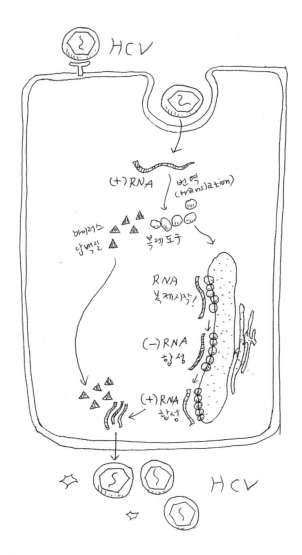

소포스부비르(Sofosbuvir)를 내놓았다. 소포스부비르는 NS5B 단백질을 억제한다.
이렇게 되면 바이러스의 RNA 합성이 방해받고, 역시 HCV의 감염이 멈춘다. 길리어드는
소포스부비르로 소발디를 개발했다.
인시벡과 소발디 모두 HCV의 복제를 억제한다는 점에서는 같다. 그러나 인시벡은 HCV
복제 초기 단계에 작동하는 방식이고, 소발디는 HCV의 RNA가 합성되는 복제 후기 단계에
작동하는 방식이다.(오른쪽 위) 이런 이유에서인지 소발디는 인시벡보다 치료 효능이 좋았고,
결국 버텍스는 인시벡을 포기한다.

제3장

확실한 것은 오직 과학이다

창고에서 짐을 옮기는 사람부터
연구를 총괄하는 사람까지,
바이오텍의 모든 구성원은
자신이 지금 하고 있는 일이
바이오텍의 미션에 맞는지
늘 생각해야 한다.

— 조슈아 보거

빠르게 시험해서, 빠르게 실패하고
빠르게 넘어간다

HIV, HCV 신약개발에서 보통의 성공 또는 보통의 실패를 겪은 버텍스는 교훈을 얻었다. 거대 제약기업도 바이오텍도 모두 치료제가 없는 분야에 뛰어든다. 그리고 거대 제약기업도 바이오텍도 모두 최소 비용으로 최대 이윤을 낼 수 있는 가장 핫(hot)한 질병 치료제 개발에 나선다. 이때 바이오텍이 취할 수 있는 전략은 '좀더'다. 모두가 뛰어드는 분야에서 남들보다 좀더 빨리, 좀더 나은 신약을 개발하는 전략이다.

트렌드를 따라가면서 '좀더' 전략을 실행하는 것은 바이오텍에게 합리적 전략처럼 보인다. 많은 기업과 연구자들이 신약개발에 뛰어드니 다른 이들의 연구 성과를 참고할 수도 있고, 시장에서 유망한 분야로 알려져 있으니 투자를 받기도 쉽다. 바이오텍은 위험을 줄일 수 있고, 조금만 더 열심히 해서 남들보다 조금만 더 빨리, 조금만 더 좋은 물건을 개발하면 성공할 수 있는 것이다.

그러나 이런 전략이 바이오텍의 지속 가능성까지 담보해주는 것은 아니다. 버텍스는 HIV, HCV 신약을 개발했지만 결국 개발한 신약을 접어야 했다. 다른 바이오텍에서 좀더 좋은 약이 나왔기 때문이다. 이는 버텍스가 통제할 수 있는 영역이 아니었다. 트렌드에 함께 올라탔던 경쟁자들의 성과가 더 좋을

제프리 라이덴

지 나쁠지는 버텍스가 결정할 수 있는 일이 아니다. 즉 지속 가능하게 신약을 개발하려면, 버텍스만 할 수 있는 신약개발을 해야 했다. 그나마 버텍스는 운이 좋았던 것인지도 모른다. 버텍스가 HIV, HCV 신약을 개발하지 못했다면 바이오텍으로 존속할 수 있는 최소한의 능력마저 인정받지 못했을 것이기 때문이다. 버텍스는 설립 후 20여 년 동안 제품을 팔고 파트너십을 맺는 등 약 17억 달러 정도를 벌기는 했지만, 다시 처음에 했던 말로 돌아가기로 한다. '중증 질환' 또는 '심각한 질환'이라는 '그 누구도 치료제를 개발할 엄두를 내지 않는 영역', 즉 경쟁자가 없는 곳에서 신약개발을 다시 시작하기로 한 것이다.

2012년 2월 조슈아 보거 다음으로 제프리 라이덴(Jeffrey Leiden, 1955~)이 버텍스의 CEO가 되었다. (이후 제프리 라이덴은 2020년 3월까지 버텍스를 이끌었다.) 라이덴은 21세에 바이러스학 박사학위를 따고, 23세에 의사가 되었다. 심장 분야를 전공한 그는 1992년부터 시카고 대학 의대에서 심장 분야 총책임자로 7년 동안 일했다. 2000년에 애브비(AbbVie)의 전신인 애보트(Abbott)에 합류한 그는 2006년까지 애보트의 사장이자 최고운영책임자(COO)면서 최고과학책임자(CSO)를 맡았다. 이때의 경험을 바탕으로 2006년부터 2011년까지는 바이오 벤처에 투자하는 일을 했는데, 버텍스에는 2009년에 합류했다.

CEO가 된 라이덴을 기다리고 있던 문제는 '인시벡 이후의 버텍스'였다. 인시벡을 거두어들였지만 HCV 분야에 노하우가 있으니, HCV 분야의 연구개발 투자에 집중하고 다른 프로그램을 축소할 것인지가 주요하게 논의되었다. 심각한 상황에서 논의가 진행된 터라, 테이블에 올라온 옵션 가운데는 버텍스 매각까지도 있었다고 한다.

라이덴은 버텍스 CEO가 되기 전, 이사회 구성원으로 버텍스의 장기 비전을 점검하고 있었다. 그가 보기에 신약은 질병이 진행되는 과정을 바꾸거나, 근본적으로 질병을 치료(cure)하는 것이어야 했다. 그리고 혁신적인 신약을 개발하려면 혁신적인 투자가 필요하다고 생각했다. 이 생각은 그가 버텍스의 CEO를 그만둘 때까지 변하지 않았고, 보거의 생각과도 크게 다르지 않았다. 버텍스는 CF 신약개발로 방향을 잡았다. CF는 누구도 도전하지 않은 희귀 중증 질환이었다. 라이덴은 칼리데코에 주목하고 CF에 도전하기로 한다. 이는 HCV 프로젝트와 관계된 수백 명을 해고하고, 그동안의 투자금도 잃는다는 뜻이었다. 그럼에도 라이덴은 CF로 가야 한다고 판단했다.

2013년 버텍스는 370명의 인력을 내보냈다. 전체 인력 가운데 17%에 이르는 규모였다. 이렇게 버텍스는 HCV 분야를 완전히 접었다. 2014년에는 얀센(Janssen)에 인플루엔자 신약개발 분야의 VX-787도 매각했다. '빠르게 시험해서, 빠르게 실패하고, 빠르게 넘어간다'는 버텍스적인 방식이었다. 버텍스는 2015년 비즈니스 우선순위를 발표했는데 시작부터 끝까지 결론은 CF 하나였다.

라이덴이 심장 분야의 전문가였음에도, 자신의 전문 분야와 거리가 있는 CF 신약개발로 방향을 잡았다는 점은 의아하다. 심지어 라이덴은 CF 신약개발의 위험성도 이미 예측하고 있었다. 1년에 2억 5,000만 달러에서 5억 달러 정도의 손실이 날 것으로 내다봤는데, 그의 예측은 거의 정확했다. 2013년부터 2016년까지 버텍스의 손실액은 10억 달러가 넘었다. 한편 그가 애보트에 있던 시절 자가면역질환 신약으로 전설적인 블록버스터가 된 휴미라(HUMIRA®, 성분명: Adalimumab) 개발을 경험했다는 점도, 버텍스의 다음 신약개발의 방향을 희귀질환 치료제 쪽으로 잡은 것과 잘 연결되지 않는다.

그러나 라이덴의 판단은 합리적이었다. 오히려 애브비에서의 경험이 그를 더욱 합리적으로 만들었는지도 모른다. 그는 애브비에서 심혈관계 분야 신약 개발을 위해 거액을 주고 물질을 사들이는 등의 노력을 했지만, 결국 심혈관계 의약품 개발에서 선두주자였던 노바티스(Novatis)를 따라잡지 못했다. 애브비는 더 많은 임상시험과 마케팅을 진행했지만, 결국 실패했다. 또한 휴미라와 같은 신약은 블록버스터를 의도하고 개발한 것이 아니라, 개발하고 보니 블록버스터가 되었다는 점도 알고 있었다. 라이덴은 버텍스는 버텍스의 길을 가는 것이 맞다고 판단했고, CF 신약개발에 집중하기로 한다.

사실 버텍스의 CF 신약, 즉 칼리데코는 뜻하지 않게 시작되었다. 2001년 버텍스는 오로라 바이오사이언스(Aurora Biosciences, 이하 오로라)를 5억 9,200만 달러에 사들인다. 오로라 인수는 버텍스가 만들어지고 나서 12년 만에 한, 첫 번째 인수였다. 버텍스는 설립 이후 2024년인 지금까지도 큰 규모의 파트너십이나 인수합병 계약에 잘 나서지 않는 편이다. 돈이 생기면 주로 내부 R&D에 쓰기 때문이다. 이는 버텍스와 비슷한 규모의 다른 바이오텍들과 비교하면 독특한 행동이다. 바이오텍도 어느 정도 규모를 갖추면 인수합병에 적극적으로 나서는 것이 보통이다. 예를 들어 2022년에 암젠(Amgen)은 희귀질환 치료제를 개발하는 호라이즌 테라퓨틱스(Horizon Therapeutics)를 278억 달러 규모에 인수했는데, 이는 2022년에 있었던 최대 규모의 M&A였다.

오로라는 1995년에 로저 첸(Roger Y. Tsien, 1952~2016)이 동료 과학자 1명, 벤처 투자자 1명과 함께 만든 바이오텍이었다. 로저 첸은 DNA 발현을 확인하는 녹색 형광 단백질(green fluorescent protein, GFP) 개발로 2008년에 노벨 화학상을 탔다. 그는 자신의 과학이 인간 유전체 프로젝트(Human Genome Project, HGP)에서 나오는 성과들과 연동될 수 있을 것으로 보고 바이오텍을 설립했다. 1990년 시작된 HGP는 미국 정부가 30억 달러를 쏟아부어 사람의 DNA 염기서열 지도 전체를 작성하는 초대형 프로젝트였다. 미국 정부가 돈을 대고, 전 세계

과학자들이 참여한 생명과학계의 전무후무한 프로젝트로 인해 사람의 유전자 정보가 공개되기 시작했다. 사람들은 이 정보를 바탕으로 질병의 원인을 밝히고 치료제까지 개발할 수 있을 것으로 보았다.

HGP로 질병의 원인이 밝혀졌을 때 남는 것은, 원인을 타깃할 수 있는 물질을 찾는 것이다. 따라서 어떻게 더 많은 물질을 더 빨리 찾아낼 것인지에 관심이 쏠렸다. 오로라는 형광 어세이 분석 기술을 이용해 빠르게, 대규모로 신약을 발굴하는 '초고속 대량 스크리닝(ultra-high-throughput screening system, UHTS)' 플랫폼을 개발했다. 당시 신약개발을 하는 제약기업과 바이오텍은 많게는 하루에 3,000여 개 화합물을 스크리닝할 수 있는 고속 대량 스크리닝(high-throughput screening system, HTS) 기술을 이용하고 있었다. HTS는 지금도 일반적으로 쓰는 스크리닝 방식이지만, 오로라는 이 정도로는 부족하다고 생각했다. 오로라의 UHTS 기술은 HTS 기술보다 같은 시간에 최대 30배 많은 물질을 스크리닝할 수 있었다. 오로라의 기술을 쓰면 더 빠르고, 효과적이고, 싼 비용으로 물질을 스크리닝할 수 있었다. 덕분에 오로라는 머크, BMS, 화이자 등과 파트너십을 맺을 수 있었다.

낭포성 섬유증

2003년 HGP가 성공적으로 마무리되었다. 그러나 HGP가 가지고 올 것이라고 기대했던 신약개발 분야에서 이렇다 할 도약은 없었다. 사람의 유전자 지도를 그려냈지만, 여전히 생체와 질병 사이의 관계, 나아가 치료 메커니즘에 대한 연구가 더 필요했다. HGP는 신약개발을 끝내줄 마무리 투수가 아니라, 신약개발의 시작을 알리는 시구에 가까웠다.

HGP에 대한 기대가 잦아들면서 유전체 버블(genomic bubble)도 꺼지기 시작했다. 그리고 이를 염두에 두고 맺어졌던 대형 파트너십들도 정리가 시작되었다. 오로라도 대형 제약기업들과 맺은 파트너십이 정리되면서, 자체 신약개발로 방향을 바꾸었다. 2000년 오로라는 낭포성 섬유증 재단(Cystic Fibrosis Foundation, CFF)으로부터 약물발굴을 위해 3,000만 달러를 펀딩받기로 한다. 이는 당시 기준으로 일반적인 비영리기관이 투자하는 규모를 넘어서는 것이었다. 또한 기초연구가 아닌 실제 약물 개발에 비영리기관이 지원하는 것도 이례적인 일이었다.

CFF가 오로라를 파격적으로 지원한 이유는, CF의 원인이 밝혀졌음에도 치료제를 개발하려는 곳이 없었기 때문이었다. 1989년 『사이언스(*Science*)』에는 CFF가 지원한 캐나다 토론토 대학 추이랍지(Lap-Chee Tsui) 연구팀과 미국 미시간 대학 프랜시스 콜린스(Francis S. Collins) 연구팀의 논문이 실렸다. 논문의 내용은 CF의 원인이 되는 유전자 결함에 대한 것이었다.

세포에는 세포 안의 염소 이온(Cl^-), 소듐 이온(Na^+) 등의 농도를 조절하는 채널인 CFTR(cystic fibrosis transmembrane conductance regulator) 단백질이 있다. CFTR 유전자가 이 단백질을 발현하는데, 사람의 7번째 염색체에 위치하는 약 6,500개의 염기서열로 구성되는 CFTR 유전자에 변이가 생겨 비정상적인 단백질이 발현되면 문제가 나타나기 시작했다.

CFTR 채널은 호흡기관(폐), 소화관, 피부 상피세포 표면에 있으면서 세포 안과 밖을 연결한다. CFTR 채널은 세포 안에 있는 채널에 영향을 주어 염소 이온(Cl^-)과 중탄산 이온(HCO_3^-) 등을 세포 밖으로 내보낸다. 세포 밖으로 나온 염소 이온(Cl^-)과 중탄산 이온(HCO_3^-)은 소듐 이온(Na^+)과 결합한다. 그리고 배추에 소금($NaCl$)을 뿌리면 배추에서 물이 빠져나오듯, 세포에서도 삼투현상으로 세포 안의 물(H_2O)이 세포 밖으로 적당하게 빠져 나온다. 세포 표면에 있는 점액은 이 수분 덕분에 적당한 정도의 끈적임을 가질 수 있다.

그런데 CFTR 채널에 문제가 생기게 되면, 염소 이온(Cl^-)와 중탄산 이온(HCO_3^-)이 세포 밖으로 이동하지 못하고 세포 안에 머무르게 된다. 그리고 세포 안에서 소듐 이온(Na^+)과 결합($NaCl$)한다. 이렇게 되면 세포 안의 물이 세포 밖으로 나오지 못하며, 세포 표면 점액에 있던 수분도 삼투 현상으로 인해 세포 안으로 흡수된다. 그리고 수분을 잃은 세포 표면의 점액은

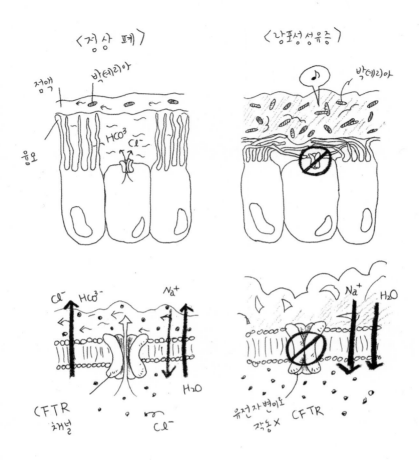

정상적인 폐세포(왼쪽)에서는 세포의 안과 밖을 연결하는 CFTR 채널 또한 정상적으로 작동한다. 이 경우 적당량의 Cl- 이온 등이 세포 표면에 위치해 적당한 수분을 유지할 수 있게 한다. 이 수분 덕분에 세포 표면의 점액이 융모의 움직에 따라 흐를 수 있으며, 이는 세포 표면을 깨끗하게 유지하는 역할을 한다.

낭포성 섬유증(Cystic fibrosis, CF)은 CFTR 채널이 정상적으로 작동하지 않아 발생하는 질병이다. CF에 걸린 폐세포에서는 적당량의 Cl- 이온 등이 세포 표면에 위치하지 못하며, 수분도 부족해진다. 세포 안의 수분이 밖으로 나가지 못하며, 오히려 세포 밖 점액에 있던 수분마저 세포 안으로 흡수되기까지 한다. 이로 인해 세포 표면의 점액의 점도가 높아지고, 세포 표면에 있는 박테리아 등을 씻어낼 수 없게 된다. 이후 세포는 감염에 취약해지고, 끈적거리는 점액이 쌓여 합병증으로 이어진다.

지나치게 끈적끈적해진다.

　세포 표면의 점액은 생체 활동에 중요한 역할을 한다. 예를 들어 폐, 기관지, 소화관을 이루는 상피세포 표면에 있는 점액은 상피세포에 있는 융모의 움직임에 따라 흐르면서 폐, 기관지, 소화관을 깨끗하게 해준다. 그런데 비정상적으로 끈적이는 점액은 상피세포에 있는 융모의 움직임에 따라 흐르지 못하고 폐와 기관지에 쌓인다. 이렇게 되면 박테리아와 같은 균이 살기 좋은 환경이 만들어지고, 폐와 기관지와 소화관에 문제가 생긴다. 환자의 폐는 죽어가고, 기침과 호흡곤란이 일어나며, 소장은 영양분을 제대로 흡수하지 못하며 아예 장이 막혀버리는 장폐색이 나타나기도 한다. 이게 바로 CF였다.

칼리데코와 인간 모델

1989년 CF의 원인이 CFTR 유전자 결함이라는 것이 밝혀지자 환자와 가족들은 곧 치료제가 개발될 것으로 기대했다. 그러나 치료제 개발 소식은 들리지 않았다. CFTR 유전자는 약 6,500개의 염기서열로 이루어져 있다. 염기서열이 많으니 변이가 일어나는 곳도 여러 군데였다. 2024년 현재까지 알려진 CFTR 변이는 2,000여 개가 넘는다. 이렇게 다양한 변이는 CF 신약개발을 어렵게 만들었다. 2009년 『네이처(*Nature*)』에는 「인간 유전학: 하나의 유전자 그리고 20년(Human genetics: One gene, twenty years)」이라는 제목의 글이 실렸다. CF의 원인이 CFTR 유전자 결함인 것을 밝혀낸 지 20년이 지났지만, 여전히 치료제를 개발하지 못했으며 생명과학이 갈 길은 아직 멀다는 내용이었다.

CF 신약이 개발되지 않았던 데는 다른 이유도 있다. 제약기업과 바이오텍은 CF를 앓고 있는 환자 수가 적었기에 수익성이 낮을 것이라 판단하기도 했는데, 이는 CF 신약개발의 동력을 떨어뜨렸다. CFF는 CF 신약개발에 나설 제약기업과 바이오텍을 찾았지만, 오로라 말고는 없었다고 한다. 그러던 중 마이크로소프트 사의 창업자인 빌 게이츠와 그의 아내가 함께 설립한 '빌 앤드 멀린다 게이츠 재단(Bill and Melinda Gates Foundation)'이 CFF에 2,000만 달러를 후원하기로 한다. CFF는 이 후원금을 바탕으로 오로라와 계약을 맺었다. 오로라가 5년의 계약기간 동안 특정 마일스톤에 도달하면 4,690만 달러까지 투자하는 조건이었다. 오로라는 CF 환자의 기도세포에 있는 변이 단백질의 기능을 고치는 치료제 개발에 나선다. 그리고 비슷한 시기인 2001년 버텍스가 오로라를 인수했다.

버텍스가 오로라를 인수한 것은, 보거가 CEO일 때의 일이었다. 그런데 보거가 오로라를 인수하려고 했던 이유 가운데 CF 치료제 개발은 중요한 것이 아니었다. 그보다는 오로라의 UHTS 기술, 즉 효과적이고 효율적인 약물 발굴 기술의 기반인 형광 기반 생물 어세이(fluorescence-based bioassay)를 확보하는 것이 중요했다. 버텍스는 유전체 연구를 바탕으로 약물을 발굴하려고 했기에, 오로라가 버텍스의 필요를 채워줄 수 있을 것이라고 기대했다.

단 버텍스의 오로라 인수는 업계의 관행(?)과 거리가 있었다. 다른 제약기업들은 오로라와 파트너십 관계를 맺는 정도의 수준으로, 오로라가 가진 기술의 혜택을 얻으려고 했다. 그러나 버텍스는 44%의 프리미엄, 즉 웃돈까지 주면서 오로라를 완전히 사들였다. '기술을 쓴다'가 아니라 '기술을 갖는다'의 컨셉이었다. 2024년 지금의 눈으로 바라보면 기술을 독점하고 싶어 하는 버텍스의 행동이 설명되지만, 인수 당시에는 '버텍스는 도대체 뭐 하는 짓이지?'라는 시선이 많았다. 버텍스는 오로라의 장비 사업 부문은 과감하게 사모펀드에 팔고, 미국 샌디에이고에 있던 오로라의 핵심 연구 인력과 시설만 남겼다. 덕분에 오로라의 CF 신약개발은 계속될 수 있었다.

버텍스는 CF 신약이 갖추어야 할 조건, 즉 CFTR 기능이 얼마나 잘 회복되는지 확인하기 위한 '높은 재현성을 가진' 평가 모델을 우선 만들기로 한다. CF 신약개발에서 가장 문제가 되었던 것 가운데 하나는, 신약으로 개발할 후보물질을 찾아도 치료 효능을 확인할 수 있는 방법이 마땅치 않았다는 점이다. 오로라도 CF 신약개발을 시작할 당시에는 신약이 될 수 있는 약물이 CF 환자에게 치료 효과가 있는지 확인할 방법이 없었다. 심지어 동물실험을 할 모델조차 없었다. 이런 이유로 CFTR

단백질이 제대로 작동하는지 확인하려고, 세포의 이온 변화를 측정하는 전기장 분석 방법까지 찾고 있었다.

그런데 이 즈음 버텍스 연구팀은 생체에서 얻은 세포를 연구실에서 배양할 수 있다는 내용의 논문을 접하게 된다. 그리고 버텍스 연구팀은 CF 환자의 폐세포를 얻은 다음 이를 배양해, CF 신약이 될 수 있는 물질의 효과를 검증해보기로 한다. 전에 한 번도 시도해본 적 없는 일이었지만, 이 방법 말고는 딱히 다른 방법도 없었다.

버텍스는 CFF의 도움으로 폐 이식 수술을 받은 CF 환자의 폐 조직을 얻을 수 있었다. 그러나 한 번도 해보지 않았던 시도가 쉽게 진행될 리 없었다. 생체 세포를 연구실에서 배양할 수 있다는 논문들이 나오기 시작한 후 4~5년이 지났고, 마침내 버텍스는 연구실 접시 위에서 사람의 기관기 세포를 안정적으로 배양하는 데 성공한다. CFTR 유전자 변이형을 가진 CF 환자에게서 얻은 인간 세포 모델인 '인간 기관기 상피(human bronchial epithelial, HBE)' 플랫폼을 구축한 것이다.

CF라는 질병의 메커니즘을 이해하고, 연구실에서 재현된 CF 환자의 폐세포 플랫폼을 확보한 버텍스는 본격적인 약물 개발에 들어간다. 정상적인 기관기 상피세포에는 머리카락과 같은 모양의 섬모가 있는데, 유체가 흘러감에 따라 풀처럼 움직인다. 반면 CF 환자의 기관기 상피세포의 섬모는 진흙에 묻혀 있는 풀처럼 보이며 유체의 흐름도 거의 보이지 않는다. 그런데 버텍스 연구진이 HBE에 새로 찾은 약물을 처리하자 기관기 상피세포에 있는 섬모가 부드럽게 움직였다. 이 경이로운 장면을 보려고 버텍스의 다른 연구자들이 현미경 앞에 줄을 서서 기다렸다고 한다. CF 신약이 개발될 수 있다는 희망은 물론, HBE 모델이 가능하다는 희망까지 확인하는 순간이었다.

버텍스는 2006년 CF 치료제 임상1상(VX-770)을 시작한다. 그리고 2012년에 미국 FDA는 버텍스의 첫 CF 치료제 칼리데코를 승인했다. 보통 신약 후보물질을 가지고 임상개발에 들어가면 시판될 때까지 10~15년 정도 걸린다. 완전히 새로운 메커니즘(first-in-class)의 약물이라면 10~15년보다도 오래 걸린다. 그런데 버텍스는 완전히 새로운 메커니즘의 신약을 7년만에 임상개발을 끝내고 정식 승인까지 받았다. 이는 환자의 폐와 기관지를 재현한 HBE 평가 모델을 인정받았기 때문이다. 여기에 더해 CF의 메커니즘을 바탕으로 '땀 속 염소 이온(Cl^-) 농도'라는 바이오마커를 증거로 확보한 덕분이었다.

버텍스의 HBE 모델은 동물세포주를 이용한 것이 아니었다. CF 동물모델이 없었기에 아예 인간 모델로 시작할 수밖에 없었다고 볼 수도 있지만, 분명한 혁신이었다. 어쩌면 일반적인 신약개발을 하듯이 동물모델 개발부터 시작했다면, 버텍스는 칼리데코를 개발하지 못했을지도 모른다. 아무리 정교하게 만든 동물모델이라고 해도 사람의 질병과는 다르다. 그런데 버텍스는 처음부터 환자인 사람의 세포로 검증모델을 만들었다. 신약개발의 성공 가능성을 높인 것이었다.

　　칼리데코를 개발하는 과정에는 3명의 과학자가 등장한다. 버텍스가 오로라를 인수하던 날 첫 출근을 했던 프레더릭 반 구르(Fredrick Van Goor)는 약물을 테스트하는 HBE 모델을 처음을 구상하고 실제 실현하기 위해 노력했다. 대학교 3학년 때 오로라의 설립자 로저 첸의 강의를 듣고 생리학을 전공하기로 결심했던 폴 네굴레스크(Paul Negulescu)는, 로저 첸의 제안을 받고 오로라에 다섯 번째 직원으로 입사한 CFTR 이온 채널 연구자였다. CFF는 폴 네굴레스크의 연구를 보고 오로라에 CF 치료제 신약개발 연구를 제안하러 왔다고 한다. 마지막으로 의약화학자인 사빈 하디다(Sabine Hadida)는 CF 약물을 설계했다. 2024년 현재 이 세 명 모두 버텍스에서 계속 신약개발 연구를 이어가고 있다.

CF 원정대

칼리데코는 CF 환자의 세포막에 있는 비정상적인 CFTR 채널 단백질을 제대로 기능하게 만든다. 칼리데코의 정확한 치료 메커니즘은 알려지지 않았다. 다만 CFTR 유전자 변이 가운데 특정 변이(G551D 변이)가 일어난 CF 환자의 이온채널 개방 상태를 안정화시킨다고 알려져 있다. CFTR 이온채널이 더 오래 열려 있으면 염소 이온(Cl-)의 흐름이 정상화되고, 세포 표면에 있는 점액의 점도가 묽어지면서 움직임이 회복된다. 직관적이고 단순한 경로다. 이는 칼리데코가 CF라는 질병의 원인을 직접 타깃하기 때문이다. 꽤 많은 치료제는 문제가 되는 특정 단백질에 결합해 해당 단백질이 기능하지 못하도록, 즉 오작동하지 않게 아예 스위치를 꺼버리는 방식으로 작동한다. 그런데 칼리데코는 기능을 잃어버린 단백질이 다시 기능하도록, 망가진 부분이 제대로 작동하게 고치는 방식이다. 칼리데코는 2012년 『월스트리트저널』이 매년 뽑는 게임 체인저 기술 부문에서 '올해의 의학·생명과학 분야 혁신 기술상'을 받았다.

질병의 원인을 직접 치료하는 혁신적인 신약이었지만 칼리데코도 한계는 있었다. CF를 일으키는 CFTR 유전자 변이는 한 가지가 아니다. 2,000여 개가 넘는 변이 가운데 칼리데코는 1개의 변이(G551D 변이)가 일어난 환자에게만 효과가 있었다. 미국을 기준으로 보면 전체 CF 환자 약 3만 명 가운데 4% 정도인 1,200명 정도만 칼리데코의 효능을 볼 수 있다. 칼리데코가 희귀 유전병을 치료할 수 있게 해준 신약이었지만, 모든 CF 환자를 치료할 수는 없었다. 아직 목표가 이루어지지 않았으니 신약개발은 계속되었고, 버텍스와 CFF 사이의 파트너십도 계속 이어졌다.

버텍스는 CFF의 지원을 받아 VX-809, VX-661 프로젝트에 들어간다. 그리고 2015년 버텍스는 두 번째 CF 치료제 오캄비(ORKAMBI®, 성분명: Lumacaftor/Ivacaftor)를 내놓는다. VX-

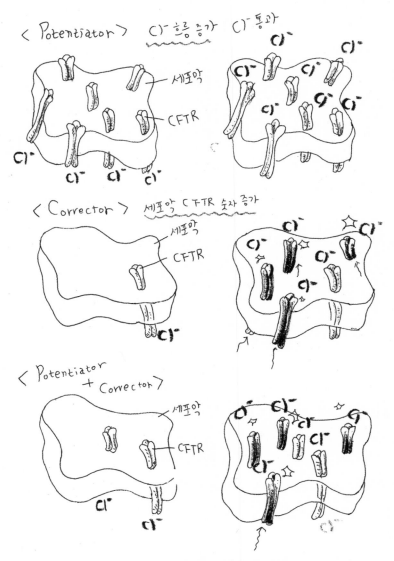

버텍스는 CF 치료제를 계속 업그레이드하고 있다. 칼리데코는 강화제(Potentiator)다. 비정상적인 CFTR 단백질로 인해 세포 안과 밖의 이온 흐름이 원활하지 않던 것을 원활하게 해준다. 버텍스의 또 다른 CF 신약인 오캄비, 심데코는 강화제에 교정제(Corrector)가 추가된 것이라고 볼 수 있다. 정상적인 CFTR 단백질의 생성을 촉진하는 컨셉이다. 버텍스는 여기서 멈추지 않았다. 트리카프타는 개선된 강화제와 교정제를 결합한 신약이다.

809 프로젝트의 성과였다. 오캄비는 칼리데코에 루마카프터 (Lumacaftor) 성분을 추가한 것이다.

CFTR 유전자 변이 가운데 가장 흔한 것은 F508del 변이다. 세포 안에서 단백질은 유전자 정보에 따라 특정한 모양으로 접힌다(folding). 3차원의 특정한 모양으로 접혀야 해당 단백질은 제 기능을 할 수 있는데, 유전자에 변이가 생기면 단백질이 접히는 과정에서 오류가 생길 수 있다. F508del 변이가 생긴 CFTR 유전자는 CFTR 단백질을 잘못 접는다. 잘못 접힌 CFTR 단백질은 세포 표면에 위치하지 못하고, CFTR 단백질이 부족해져서 CF 증상이 나타난다.

오캄비의 성분인 루마카프터는 화학적으로 합성한 샤페론 (chaperone)이다. 샤페론은 세포 안에서 단백질이 합성되고 제 기능을 하기 위해 이런저런 모양으로 접히는 것을 돕는다. 오캄비에 들어 있는 샤페론 덕분에 환자에게 정상적인 CFTR 단백질이 늘어났고, CF 환자의 증상이 나아졌다. 2015년 오캄비는 미국 FDA로부터 F508del 변이 2개 카피(copy)를 가진 12세 이상 CF 환자에게 처방할 수 있는 허가를 받았다.

VX-661 프로젝트는 어떻게 되었을까? VX-661 프로젝트는 2018년 세 번째 CF 치료제인 심데코(SYMDEKO®, 성분명: Tezacaftor/Ivacaftor)로 출시되었다. 심데코는 오캄비에 테자카프터(tezacaftor)를 추가한 것이다. 역시 CFTR 단백질이 더 잘 접히게 해 세포 표면으로 올라가는 것을 돕는다. 심데코는 오캄비와 비교해 환자가 느끼는 흉부 압박감과 같은 부작용이 덜한 것으로 알려져 있다. 오캄비와 심데코 모두 칼리데코와 병용투여하는 것을 목표로 개발되었다. 칼리데코로 전체 CF 환자 가운데 4% 정도를 치료할 수 있었다면, 오캄비와 심데코를 병용투여해 CF 환자의 절반 정도까지 치료할 수 있게 되었다.

그러나 아직 CF 환자의 절반이 남았고, 원정은 끝나지 않았다. 2019년 버텍스는 네 번째 CF 치료제로 트리카프타(TRI-KAFTA®, 성분명: Elexacaftor/Tezacaftor/Ivacaftor)를 출시했다. 이제 혜택을 받을 수 있는 CF 환자는 전체의 90%가 되었다. 트리카프타는 심데코에 새로운 약물인 엘렉사캐프터를 더했다. 엘렉사캐프터는 기존 버텍스의 CF 신약들이 환자의 CFTR 단백질에 결합하던 곳이 아닌 다른 곳에 결합한다. 그리고 세포 표면에서 CFTR의 염소 이온(Cl^-)이 통과하는 기능을 더 향상시킨다.

버텍스가 2024 JP모건 헬스케어 컨퍼런스(JPM Healthcare Conference)에서 발표한 자료에 따르면 전 세계 기준으로 CF 환자는 약 9만 명 정도다. (통계에 따라 7만 명 정도로 보기도 한다.) 이 가운데 칼리데코, 오캄비, 심데코로 치료할 수 있는 CF 환자는 약 3만 7,000명~4만 4,000명 정도다. 트리카프타까지 포함하면 6만 8,000명까지 치료할 수 있을 것으로 본다.

CFF가 CF의 원인 메커니즘을 가지고 전 세계적인 규모의 제약기업과 바이오텍의 문을 두드렸지만 거절당했던 이유 가운데는 수익성 문제도 있었다고 했다. 치료제를 개발하더라도 처방받을 수 있는 환자, 즉 신약의 판매가 적을 것이기에 수익성을 담보하기 어렵다는 것. 그럼 버텍스는 어땠을까? 버텍스의 칼리데코는 출시된 다음 해인 2013년 3억 7,100만 달러어치 팔렸다. 오캄비는 출시된 다음 해인 2016년 9억 8,000만 달러, 심데코는 2019년에 14억 1,800만 달러의 매출을 올렸다. 트리카프타는 어땠을까? 트리카프타는 출시 첫 분기에 4억 2,000만 달러어치가 처방되었으며, 2020년에는 38억 6,400만 달러, 2023년에는 90억 달러의 매출을 올렸다. 버텍스의 CF 치료제는 최근에 나온 신약일수록 더 많은 CFTR 유전자 변이 사례를 치료할 수 있다. 즉 새로운 신약을 개발하면 전에 개발해놓은 신약의 처방이 줄고 그에 따라 매출도 줄어든다. 그러나 상관없다. 더 많은 환자를 치료할 수 있게 되면서 전체 매출은 계속 늘어난다.

버텍스의 CF 치료제는 매우 비싸다. 오캄비가 처음 처방되기 시작했을 때, CF 환자가 오캄비를 1년 동안 투여받으려면 약 27만 달러가 필요했다. 버텍스의 치료제 말고는 대안이 없다는 점, 그리고 평생 먹어야 한다는 점에서 버텍스의 CF 치료제 가격은 처음부터 논란이었다. 그러나 아무도 개발하지 않던 질병의 신약개발에 뛰어든 것이었고, 개발에 성공해 환자를 살려내고 있다. '약값을 누가 지불해야 하는가'라는 문제와는 별개로, 버텍스 CF 치료제의 가치는 시장이 증명해주었다.

이렇게 보면 수익성 부분에서 버텍스가 손해를 본 것 같지는 않다. 아니 오히려 확신을 얻었을 것이다. HIV, HCV처럼 모두가 매달리는 신약개발에 뛰어드는 것보다, 환자 수가 적어 수익성이 없을 것이라 예상되는 질병에서 독보적인 영역을 만드는 것이 유리하다는 확신은, 칼리데코와 그 후속 신약들의 매출이 입증해준 셈이다. 물론 확실한 과학을 바탕으로, 실제로 환자를 치료하는 신약을 만들어낸다는 전제조건이 붙어야 하지만 말이다.

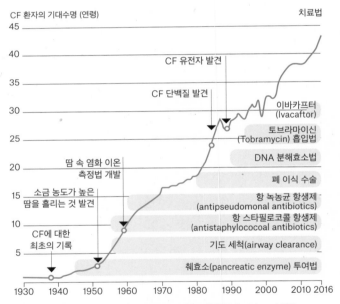

자료 : 국립 유대인 병원(National Jewish Health)과 CF 재단(CF Foundation) 자료

CF 단백질의 오작동과 CF 사이의 관계, CF 단백질의 오작동을 유발하는 CF 유전자 변이 등을 발견한 이후에야, 즉 병리 메커니즘을 확인하고 이를 정확하게 타깃하는 치료제를 버텍스가 개발하면서부터 CF 환자의 기대수명이 의미 있는 수준으로 늘어나고 있다.

예외적인, FDA 라벨 확장

2017년 미국 FDA는 칼리데코의 처방 범위를 넓혀주었다. 칼리데코를 처방받을 수 있는 CFTR 변이의 종류를 늘렸고, 환자의 연령대도 생후 4개월의 영아까지 넓혔다. 2012년 칼리데코가 첫 시판 허가를 받았을 때는 CFTR 변이 1개, 전체 환자의 4%에게 처방할 수 있었지만, 2017년의 결정으로 CF 변이 10종류, 전체 8%의 환자에게 처방할 수 있게 되었다.

그런데 이게 끝이 아니었다. 미국 FDA는 '실험실 데이터를 바탕으로 특정 희귀 변이를 추가하는 경로'를 발표했다. 즉 실험실 데이터만으로 칼리데코의 처방 범위를 더 넓혀준 것이다. 23개의 변이를 추가했는데, 전체 CF 환자 가운데 3%에 해당하는 약 900명이 더 처방을 받을 수 있게 되었다. 당시 미국 FDA 약물평가연구센터(CDER) 총책임자였던 자넷 우드콕(Janet Woodcock)은 'CF를 앓고 있는 환자가 너무 적어 현실적으로 임상시험이 어렵다'며 '이를 극복하기 위해 우리는 정밀의학(precision medicine)에 기반한 대안적인 접근법을 사용하게 되었다고 말했다. 미국 FDA가 버텍스의 칼리데코와 변이 유전자 식별 기술을 정밀의학으로 인정한 것이었다.

미국 FDA의 결정은 매우 이례적인 것이었다. 임상시험 없이, 실험실 데이터 결과만으로 의약품의 처방 범위를 넓혀준 최초의 사례였기 때문이다. 미국 FDA는 살아 있는 생물체의 몸 안에서 확인한 데이터(in vivo)가 아닌, 실험실에서 인위적으로 만들어진 환경(예를 들어 배양접시)에서 확인한 인비트로(in vitro) 데이터로 칼리데코의 처방 범위를 넓혀주었다.

물론 이는 버텍스에만 해당되는 이야기다. 미국 FDA가 실험실 데이터로만 허가를 내주는 로드맵을 제공했지만, 이는 일반적인 사례가 아니라고도 분명히 밝혔다. 버텍스만 가능한 일이었기에, 다른 바이오텍이 다른 약물로 제안해오면 그때 다시 평가할 것이라고 선을 그은 것이었다.

칼리데코 이후

버텍스가 칼리데코의 임상시험을 시작한 것은 2006년이었다. 그리고 7년 후에 칼리데코라는 신약개발을 완료할 수 있었다. 그런데 칼리데코를 이은 두 번째 신약인 오캄비 개발까지는 3년이 걸렸다. 두 번째 신약 출시 이후 세 번째 신약인 심데코 출시까지 3년이 걸렸는데, 심데코를 출시하고 1년만에 네 번째 신약 트리카프타를 내놓았다. 이 정도면 신약개발이 아니라 새 스마트폰을 재발해 출시하는 것과 속도가 비슷하다.

CFF는 오로라를 거쳐 버텍스와의 협업으로, CF 신약개발이라는 자신들의 목표를 이루었다. 그런데 협업하는 과정에서 버텍스의 영향을 받았는지, CFF도 버텍스와 비슷하게 움직이고 있다. 2014년 CFF는 로열티파마(Royalty Pharma)에 칼리데코를 포함한 CF 치료제의 로열티 권리를 33억 달러에 팔았다. 그리고 CFF는 이 돈으로 지금도 활발하게 기초 연구와 신약개발을 지원하고 있다.

버텍스는 칼리데코와 그 후속 신약개발을 마무리한 지금 어떻게 움직이고 있을까? 버텍스는 마지막으로 남은 10%의 영역, 즉 아직 치료제가 없는 CF 치료제 개발 계획을 세우고 있다. 코로나19 백신을 개발한 모더나(Moderna)와의 협업이다. 지금까지 나온 버텍스의 CF 치료제로 나머지 10%의 CF 환자를 치료하지 못했던 이유는, 이 10%의 환자에게 약물로 타깃할 단백

출시	제품명	CFTR 강화제(Potentiator)	CFTR 교정제(Corrector)	CFTR 교정제(Corrector)	CFTR 강화제(Potentiator)
2012	칼리데코 KAIYDECO®	Ivacaftor			
2015	오캄비 ORKAMBI®	Ivacaftor	Lumacaftor		
2018	심데코 SYMDECO®	Ivacaftor	Tezacaftor		
2019	트리카프타 TRIKAFTA®	Ivacaftor	Tezacaftor	Elexacaftor	
2023	반자 VANZA®		Tezacaftor	Vanzacaftor	Deutivacaftor

버텍스의 CF 치료제 현황. 버텍스는 빠른 속도로 새로운 CF 치료제를 개발하고 있다. 반자(VANZA)는 2025년 1월 미국 FDA의 최종 허가가 나오는 것을 기다리고 있다.

질이 없기 때문이었다. 이에 버텍스는 CFTR 유전자 변이 자체를 타깃하는 유전자 치료제 또는 mRNA 치료제로 접근하려고 한다. 버텍스는 모더나와 mRNA 기술에 대한 파트너십을 2016년부터 이어오고 있다. 코로나19 백신으로 모더나의 mRNA 기술을 인정받기 전부터 계속된 것이었다. 버텍스는 이를 바탕으로 2023년에 VX-522로 임상1/2상을 시작했다. VX-522는 CFTR mRNA를 지질나노입자(lipid nanoparticle, LNP)로 둘러싼 물질을, CF 환자가 직접 호흡해 폐세포로 전달하는 형태다. 이렇게 되면 정상적인 CFTR 유전자가 정상적인 CFTR 단백질을 발현해 CF 환자를 치료할 수 있을 것이다. VX-522의 임상1상 데이터는 2024년 말이나 2025년 초에 발표될 예정이다. 여기에 더해 2020년에 버텍스와 모더나는 CF 유전자 편집 치료제를 개발하는 연구도 함께 시작했다.

한편 버텍스는 비마약성 통증 치료제 개발 프로젝트인 소듐 채널1.8 저해제(NaV1.8 inhibitor) VX-548 프로젝트도 진행한다. CF 신약개발로 얻게 된 세포의 이온채널 통제 기술을 적용하는 방식이다. 통증 치료제, 즉 진통제 개발에는 제약이 있다. 보통 마약성 경로를 건드리지 않고 진통 효과를 만들어내기 어려운데, 마약성 진통제는 효능이 좋고 비용도 저렴하다. 이런 이유로 마약성 진통제를 개발하고는 하는데, 마약성이기에 중독 문제가 있다. 미국에서 심각한 사회문제를 일으키고 있는 펜타닐(Fentanyl)도 마약성 진통제다. 질병을 치료받는 과정에서

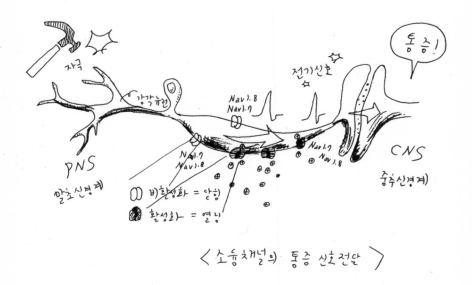

< 소듐채널의 통증 신호 전달 >

통증은 신경세포에서 전기신호 전달에 따른 결과다. 그리고 신경세포에 있는 소듐 채널은
이 전기신호에 관여한다. 소듐 이온이 통과하면서 신경세포가 활성화되는데, 버텍스는 이
소듐 채널의 활성화를 저해하는 진통제를 개발하려고 한다. 버텍스가 개발에 성공한다면
중독성이 없는 비마약성 진통제이기에, 펜타닐처럼 사회적으로 중독 문제를 일으키는
마약성 진통제를 대체할 수 있을 것이다.

펜타닐과 같은 오피오이드 계열 진통제를 처방받은 환자가, 이후 페타닐 중독에 빠지는 일이 발생하고 있는 것이다.

이처럼 사회적 문제로 인해 비마약성 진통제 개발에 대한 수요가 있지만, 통증 치료제의 경우 임상시험에서 위약을 투여받았을 때 위약효과(Placebo)가 크게 나타나는 경향이 있다. 즉 임상시험 설계도 어렵다. 이런저런 이유로 비마약성 진통제 신약개발에 나서는 바이오텍은 많지 않았다.

그러나 CF의 병리 메커니즘과 치료 메커니즘을 과학으로 정돈하면서 CF 신약개발이 가능했듯이, 버텍스는 비마약성 통증 치료제도 과학으로 가능할 것으로 보았다. 2006년 『네이처(Nature)』에 SCN9A 유전자가 불활성화되는 변이가 있는 사람의 경우 통증을 느끼지 못한다는 연구 결과가 발표되었다. SCN9A 유전자는 소듐 채널 1.7(naV1.7)을 구성하는 단백질을 발현하는데, 이 이온 채널이 통증과 관계가 있었던 것이다. 해당 변이를 가진 사람은 통증만 느끼지 못할 뿐 다른 감각기능이나 인지기능에는 문제가 없었다. 이는 비마약성 통증 치료제 개발로 이어질 수 있는 실마리였다. 세포 표면에 통증에만 관여하는 채널이 있다면, 이 채널을 타깃하는 진통제를 만들 수 있을 것이기 때문이다. 이렇게 되면 마약성 진통제들이 갖는 중독과 같은 부작용도 없을 것이다.

연구 결과가 발표되자 제약기업들이 NaV1.7 채널을 타깃하는 진통제 개발을 시작했다. 그리고 10년 넘게 도전이 이어졌지만 결국 포기하는 곳이 하나둘씩 생겨났다. NaV1.7 채널에 결합해 통증 기능을 멈출 것이라 기대했던 저분자화합물들이 NaV1.7 채널과 비슷하게 생긴 다른 소듐 이온 채널에 결합하는 경우가 생겨났기 때문이다. 예를 들어 소듐 채널인 NaV1.5 채널에도 결합해 기능을 억제했는데, 이로 인해 심장 독성이 나타나기도 했다. NaV1.7 채널과 비슷한 소듐 채널이 9곳이나 되었는데, 모두 비슷한 구조를 갖고 있어 정확하게 NaV1.7 채널만 타깃하기 어려웠다.

버텍스도 소듐 채널을 타깃하는 진통제 개발에 뛰어들었다. 물론 다른 신약개발 제약기업들이 처해 있던 상황과 버텍스의 상황이 다를 리 없었다. 그러나 CF 치료제를 개발하는 과정에서, 타깃할 채널을 정하고 치료 효과를 내는 물질을 정확한 논리로만 찾을 수 있다면, 신약을 개발할 수 있다는 원칙을 얻었다. 버텍스는 NaV1.7 대신 NaV1.8 타입에 집중했다. 버텍스는 NaV1.8이 말초신경계(peripheral nervous system, PNS)에서 통증 신호를 전달하는 데 중요한 역할을 하며, 통증 인지와 만성통증 신호전달을 매개한다는 점을 확인했다. NaV1.8 활성이 높아지는 변이가 생기면 소섬유신경병증 등의 만성통증이 나타난다는 점도 알게 되었다. 이제 NaV1.8 채널을 타깃할 수 있는 정확한 물질을 찾기만 하면 되었다.

버텍스는 오로라의 녹색형광단백질(GFP) 기술을 이용하기로 했다. 이 기술을 쓰면, 세포에서 일어나는 순간적인 변화를 실시간으로 확인할 수 있었다. 통증은 뉴런 세포와 뉴런 세포 사이에서 비정상적인 전기 신호가 전달되는 문제다. 그런데 이 전기 신호가 일어나는 시간이 매우 짧다. 따라서 통증과 관계된 이온 채널에 어떤 물질을 처리했을 때, 이와 같은 전기 신호가 어떻게 바뀌는지 정량적으로 측정하기 어려웠다.

그런데 버텍스가 오로라 인수로 얻은 독점적인 GFP 기술을 쓰면 뉴런 세포에서 일어나는 전기적인 변화를 실시간으로 확인할 수 있었다. GFP는 형광물질을 발현할수 있도록 유전자를 조작하는 기술이다. 따라서 원하는 소듐 채널에 GFP 기술로 형광물질 염색처리를 해두면, 소듐 채널에서 순식간에 일어나는 전기적인 변화에 따라 형광물질이 빛을 낸다. 연구자들은 이 변화를 확인해 정량화된 데이터로 추출할 수 있었다. 버텍스는 GFP 기술로 NaV1.8 채널을 효과적으로 통제해 진통 효능을 일으키는 물질을 찾기 시작했다.

버텍스는 3년 반 동안 NaV1.8을 저해하는 임상 후보물질을 여러 번 바꿔 시험했고, 결국 약동학적(PK) 특성과 내약성을 개선한 후보물질인 VX-548로 2024년 1월 임상3상에 성공했다. 급성통증이 나타나는 복부성형술(abdominoplasty surgery), 무지외반증 절제수술(bunionectomy) 대상 임상3상 2건에서 VX-548이 위약 대비 통증을 완화한 결과를 발표한 것이다. 환자에게 VX-548를 투여하자 몇 시간 사이에 통증이 줄어들었다. VX-548이 미국 FDA의 승인을 받는다면, 20여 년 만

에 새로운 급성통증 치료제가 공급되는 것이다. 그리고 오피오
이드 계열의 마약성 진통제 중독으로 심각한 문제를 겪고 있는
미국의 사회적 질병까지 치료하게 될 것이다.

CF에 대한 보고는 1938년으로 거슬러 올라간다. 미국의 병리학자가 영양실조에 걸려 사망한 유아를 부검한 결과 '췌장에 낭포성 섬유증'이 있다고 메모한 것이 처음이었다. 1950년 초반 미국에 기록적인 폭염이 몰려왔는데, 유아를 진찰하던 소아과 의사가 유독 땀에 과다한 나트륨 이온(Na^+)와 염소 이온(Cl^-)이 있는 경우를 발견했다. 그리고 이 발견은, 땀이 얼마나 짠지(나트륨 이온과 염소 이온이 합쳐진 염화나트륨[NaCl]은 소금의 주성분이다) 확인하는 검사 개발로 이어졌다. 이렇게 CF가 질병이라는 것이 알려지기 전부터 소아과 의사들은 아기의 피부에서 지나치게 짠 맛이 나면 문제가 심각하다는 것을 알고 있었다.

CF의 증상은 부모가 아이 피부에 뽀뽀를 하면서 먼저 알아차리는 것이 보통이다. CF 환자의 땀에는 정상보다 2~5배 높은 소금이 포함되어 있다. 이런 이유로 지금도 의료진은 CF 환자에게 짭짤한 과자를 먹게 하거나, 소금물을 마시게 하는 처방을 내린다.

버텍스는 CF 환자에게 나타나는 이와 같은 현상, 즉 '땀이 짜다'는 점을 임상시험에 적극 활용했다. 2008년 버텍스는 칼리데코 개발을 위한 임상1상 결과를 발표했다(VX-770). CF 환자 19명에게 약물을 28일 동안 투여하고 땀 속 염소 이온(Cl^-) 농도를 쟀다. 또한 코 점막에 전극을 붙여 염소 이온(Cl^-)으로 인해 발생하는 전압의 차이(비강 내 전위차, nasal potential difference, NPD)를 쟀다. 두 지표는 칼리데코가 위약 대비 CFTR 단백질 활성을 크게 개선한 것을 보여주었다. 물론 이는 칼리데코가 CF 환자의 폐 기능을 개선했다는 것을 보여주는 데이터는 아니었다. 그러나 CF의 메커니즘에 따르면, 땀이 덜 짜지는 것은 CF가 고쳐지고 있다는 것을 보여주는 바이오마커였다. 버텍스는 이런 해석을 바탕으로 그 다음해 허가 임상3상에 들어간다. 칼리데코는 임상3상에서 CF 환자의 폐 기능을 개선했고, 2012년 미국 FDA로부터 시판허가를 받았다.

버텍스는 계속해서 차세대 CF 치료제를 개발하고 있다. 그리고 바이오마커로 땀을 계속 활용하고 있다. 2024년 2월 반자(VANZA, 1일 1회 경구투여)의 임상3상 결과를 발표하며, 트리카프타(Trikafta, 1일 2회 경구투여)와 비교해 폐 기능을 비슷하게 개선한 결과를 확인했다. 결과 발표에는 땀 속 염소 이온(Cl-) 농도를 더 효과적으로 줄인 결과도 포함되었다. 과학만 확실하다면 몸에 흐르는 땀도 첨단 바이오마커가 될 수 있다.

제4장

해야 할 일을 한다

혁신적이지 않은 일은 하지 않는다.

　　　― 버텍스

오래된 스타일

과학은 '현상과 현상을 인과관계로 설명'하는 것이다. 예를 들어 A라는 현상과 B라는 현상이 있다. 과학은 두 현상 사이에 어떤 인과관계가 있다고 보고(가설), 이 인과관계를 설명(이론)하려고 한다. 이렇게 인과관계를 입증하고, 입증된 인과관계와 인과관계 사이를 다시 인과관계로 엮어가다 보면 일관성 있는 구조를 갖게 된다. 비로소 이 단계가 되면 전체를 설명할 수 있는 과학에 가까워질 수 있다.

이는 생명과학에도 적용된다. 알츠하이머 병과 아밀로이드베타(Amyloid β) 플라크를 보자. 알츠하이머 병 환자의 뇌 조직 신경세포 사이에서 아밀로이드베타 플라크가 쌓이는 현상을 관찰했다. 그리고 알츠하이머 병 환자에게 인지기능이 떨어지는 현상을 관찰했다. 신약개발 연구는 이 두 가지 현상 사이에서 인과관계를 확인하는 것이다. 뇌 신경세포 사이에서 아밀로이드베타가 뭉쳐 플라크가 되면 신경 독성을 일으킨다는 것을 알게 되고, 아밀로이드베타 플라크가 쌓이며 신경 세포 사이의 신경물질 전달이 원활해지지 않는다는 것도 확인했다. 만약 알츠하이머 병이 이 두 가지 현상 사이의 인과관계의 결과라면, 신약개발은 이 인과관계를 타깃할 수 있을 것이다.

그러나 생명과학은 첫 번째 단계에서부터 현상과 현상 사이의 인과관계를 설명하는 데 어려움을 겪는다. 알츠하이머 병에 걸린 환자의 뇌를 들여다봤더니 아밀로이드베타 플라크가 뇌 신경에 엉겨붙어 있어 염증이 생겼다. 그런데 아밀로이드베타 플라크가 뇌 신경세포에 쌓여서 알츠하이머 병에 걸리는 것일까, 아니면 알츠하이머 병에 걸리면 아밀로이드 플라크가 뇌 신경세포에 쌓이는 현상이 나타나는 것일까?

알츠하이머 병 치료제를 개발하려는 연구자들은 이 인과관계를 풀려고 오랫동안 노력하고 있다. 그리고 인과관계를 정확하게는 모르지만, 일단 아밀로이드베타 플라크를 뇌에서 없애는 물질을 찾거나 만들어보기로 한다. 신약개발 연구자들은 알츠하이머 병 환자의 뇌에서 아밀로이드베타 플라크를 없애는 방법을 찾았고, 이를 환자에게 써보았다. 그렇게 아밀로이드베타 플라크를 없애는 데 성공했지만, 환자의 인지, 기억, 판단능력이 나빠지는 것을 효과적으로 막을 수는 없었다. 그렇다면 아밀로이드베타 플라크는 알츠하이머 병의 원인이 아니라 결과일까? 아직 모른다. 알츠하이머 병 환자의 뇌에서는 여전히 우리가 알 수 없는 일들이 벌어지고 있기 때문이다.

열심히 노력한 끝에 A현상과 B현상 사이에 인과관계를 찾았다고 해도 문제가 끝나지 않는다. 이렇게 찾은 인과관계 사이에는 다른 인과관계가 더 있을 수 있기 때문이다. 구멍의 크기가 좀처럼 작아지지 않는데, 바이오텍이 하는 신약개발은 어떻게든 이 구멍을 메우려는 일이다. 현상과 현상 사이의 관계를 밝히고, 그 사이의 연결 고리를 건드리는 치료제를 개발하는 것. 그런데 생명과학의 많은 영역에서 이 문제가 깔끔하지 않다. 생명 현상이 너무 복잡하지만 아직 알고 있는 것은 적기에, 생명과학을 활용하는 신약개발은 난망하다. 심지어 개발된 신약이 분명 치료 효과가 있음에도, 왜 어떤 이유로 치료가 되는지 정확하게 모르는 경우도 있다.

생명과학과 신약개발이 가진 이런 특징은 연구자의 행동에 영향을 준다. 현상과 현상 사이의 인과관계를 찾는 것 자체가 어렵다보니, 그것을 넘어서는 곳까지 생각을 확장하는 것은 매우 어렵다. 다른 예를 들어보자. 1983년 GLP-1 수용체의 메커니즘이 처음 밝혀졌다. GLP-1 수용체는 혈당 조절과 관계가 있었고, 이를 이용해 GLP-1 수용체 작용제(GLP-1R agonist)로 당뇨병 신약개발이 시작되었다. 그리고 2000년대 중반 당뇨병 약으로 시판허가를 받았다.

그런데 20여 년이 지나 GLP-1 수용체 작용제의 반감기를 늘리고 환자에게 투여하는 양을 늘려가는 임상시험을 하면서, 환자의 몸무게가 줄어든다는 사실을 발견했다. GLP-1 수용체 작용제를 당뇨병 약으로 개발했던 연구자들은, 혈당 조절의 인과관계까지 알아냈지만 체중 감량의 인과관계까지는 알아내지 못했던 것이다. 그리고 어제의 당뇨병 약이, 오늘 비만 치료제가 되었다. 이렇게 인과관계의 구조가 달라지자 GLP-1 약물은 다시 여러 곳으로 확산되고 있다. 대사 이상 관련 지방간염(metabolic dysfunction-associated steatohepatitis, MASH / 이전 비알코올성 지방간염[non-alcoholic steatohepatitis, NASH]에서 명칭 변경), 알츠하이머 병 등 오랫동안 신약개발에 진전이 없던 분야, 좀더 정확하게 이야기하자면 인과관계를 밝히지 못했던 곳에서 무언가를 해결해줄 수 있을 것이라는 기대 때문이다.

사실 이런 문제는 생명과학이 더 발전하길 기다리면 풀릴 것이다. 그러나 환자들이 당장 고통을 받고 있는데 마냥 기다릴 수만은 없다. 용기를 내어 신약개발에 다시 몰두하지만, 현상 그 자체에 집중하게 되고 인과관계를 구성할 연결 고리를 찾는 데 집중하지 못한다. 꽤 많은 바이오텍에서 매일 열심히 연구하고 있는 연구원들은, 인과관계를 탐색하기보다 매일 주어지는 현상 탐구 과업에 몰두하게 된다. 바이오텍 연구자들도 이를 위해 매일 데이터를 만들어내고 있다.

버텍스 스타일

그런데 버텍스의 접근은 다르다. 버텍스만 생명 현상에 대해 더 많이 알고 있는 것은 아니다. 다만 아주 작은 인과관계라고 하더라도, 확실한 인과관계에 집중한다. 물론 질병과 관계가 있는 인과관계에 집중하고, 이를 질병을 치료할 수 있게 정교화하는 데 집중한다. 정말 치료할 수 있는 질병에 집중하는 것이다.

버텍스가 희귀 유전병 치료제 개발에 도전하는 이유도 여기에서 비롯한다. 희귀 유전병은 한 가지 유전자 또는 한 가지

염기서열에 이상이 생겨 발생하는 경우가 많다. 버텍스가 개발에 성공한 CF 신약으로 돌아가보자. CF 환자 가운데 4~5%에서 나타나는 G551D 변이는 551번 위치에 있는 아미노산인 G(글리신) 1개가 D(아스파르트산) 1개로 바뀌면서 나타난 현상이다. CFTR 유전자에 변이가 생기는 경우의 수는 모두 2,000여 가지인데, G551D 변이는 2,000여 개 가운데 1개이다. 그런데 버텍스는 이 1개에서 시작했다. 이것만큼은 인과관계가 명확했기 때문이다.

보통 바이오텍에서는 작더라도 확실하게 밝혀진 인과관계를 좀더 정교하게 파고들기보다는, 아이디어 단계에 있어 아직 인과관계가 정교하지 않은 메커니즘 쪽으로 신약개발의 방향을 정하는 경우가 많다. 이런 방식으로 CF 신약을 개발한다면 어떻게 될까?

연구자는 우선 CF의 동물모델을 만들 것이다. 마우스(쥐)나 랫(rat)과 같은 동물에 사람에게 나타나는 CF 증상이 나타나게 만드는 것이다. 그리고 해당 동물에서 CF 증상을 멈추거나, 완화시키거나, 아예 없애는 물질을 찾는 스크리닝 단계로 넘어간다. 수천, 수만 가지 물질 가운데 적합해 보이는 후보물질을 골라 동물을 상대로 실험하고, 어느 정도 효과가 있는 물질을 추려 독성과 효과를 비교하는 단계로 넘어간다. 다시 어느 정도 안정적인 데이터를 찾으면, 사람을 대상으로 하는 임상시험에 들어가고, 환자에게 독성과 치료 효과 사이에서 안정적인 데이터를 찾아내면, 신약 개발에 성공한다.

물론 체계적인 과정이고, 이런 과정으로 여러 신약들이 개발되었지만 구멍이 있다. 우선 '동물의 CF와 사람의 CF가 같거나 비슷할 것'이라는 전제다. 사람과 동물은 진화적으로 같은 경로에 있으며 발병과 치료의 메커니즘에서 겹치는 부분이 있을 것이라는 가정이다.

그러나 사람과 동물은 다르다. 신약개발을 위한 동물실험의 마지막 단계에서 사람과 해부학적 및 생리학적 특성이 비슷한 원숭이를 대상으로 실험한다. 약물을 한 번 또는 여러 번 투여해 약동학적인 특성, 표적 기관을 포함한 여러 장기에 미치는 독성을 살펴보기 위해 영장류에 약물을 투여하는 실험이지만, 그럼에도 여전히 동물실험이기에 결국 사람을 대상으로 하는 임상시험을 해야만 한다. 사람과 동물은 다르기 때문이다.

아직 인과관계가 정밀하지 못한, 그래서 아이디어 단계에 있는 메커니즘에서 신약개발을 시작하고 이어가는 이유 가운데는 사람을 대상으로 실험을 할 수 없기 때문인 것도 있다. 알츠하이머 병을 비롯한 중추신경계(central nervous system, CNS)에서 발생하는 질병은 특히 신약이 잘 개발되지 않는 영역이다. CNS에서 어떤 일이 일어나는지 정확하게 알지 못하지만, 그렇다고 사람의 뇌나 척수를 열어 이런저런 실험을 해볼 수도 없는 일이다. 그러니 질병이라는 현상과 현상 사이의 인과관계를 밝힐 방법을 찾기 어렵다. 어쩔 수 없이 동물모델을 만들어 실험한다.

　그럼 바이오텍보다 덩치가 큰 제약기업은 어떨까? 전 세계적인 규모의 제약기업들이 집중하는 항암 신약개발이 보통 어떻게 이루어지고 있는지 살펴보자. 만약 피부암의 일종인 흑색종 치료제를 개발한다고 해보자. 꽤 많은 연구실에서는 서로 같은 종류의 흑색종 세포를 배양해서 연구에 쓴다. 그런데 A라는 환자의 흑색종과 B라는 환자의 흑색종이 같다고 할 수 있을까? 실제로 실험실에서 키운 특정 변이를 가지는 흑색종 세포주를 가지고 일반적인 스크리닝 방식으로 개발된 항암제들은, 암의 재발과 전이 문제를 완전히 해결하지 못하고 있다.

　이는 항암제 분야에서 주목받는 면역관문억제제도 마찬가지다. 같은 암으로 분류되는 어떤 환자에게는 효과가 있는데, 어떤 환자에게는 효과가 없다. 같은 암인데 왜 효과가 각각 다를까? 만약 암이 하나의 현상이 아니라 여러 가지 현상의 집합체라면, 어떤 현상에는 반응하고 어떤 현상에는 반응하지 않는 약물이 있을 것이고, 이렇게 되면 치료 효과가 나타나고 나타나지 않는 이유를 설명할 수 있다. (바이오마커라는 개념은 이 대목에서 빛을 발한다.)

　버텍스가 집중하는 인과관계는 보통의 바이오텍, 보통의 제약기업들이 집중하는 인과관계보다 규모가 작다. 대신 현상과 현상 사이의 거리가 최대한 가까워 인과관계 또한 최대한 명확한 것들에 집중한다. 덕분에 특정한 환자의 특정한 질병은 감히 완치까지 내다볼 수 있다. CF, TDT, SCD와 같은 유전병이 바로 그 예다. 유전병의 경우 특정 유전자나 염기서열의 이상과 질병 사이의 인과관계가 비교적 명확하다. 따라서 원인을 직접 타깃하거나 인과관계의 고리를 타깃하면 치료제를 개발할 수 있다. 버텍스는 두 가지를 모두 하고 있다. 전자는 TDT, SCD와 같은 이상헤모글로빈증 치료제(유전자 치료제, 염기편집)인 카스게비, 후자는 CFTR 단백질의 기능을 타깃해 CF를 치료하는 칼리데코였다.

버텍스의 칼리데코를 보자. 버텍스는 CF와 관계된 인과관계 가운데 G551D 변이라는, 한 가지 인과관계에 집중하는 것으로 시작했다. CF라는 유전병이 희귀한데, 그 안에서 다시 4% 정도의 환자에게만 해당되는 더 희귀한 인과관계에 집중한 것이다. 그리고 이 인과관계만을 최대한 정확하게 확인할 수 있는 검증 기술을 개발했다. CF 환자에게서 얻은 폐 조직으로 인간 기관기 상피(HBE) 모델을 만든 것이다. 그리고 약물이 세포 표면에 있는 기능이 고장난 G551D 변이 CFTR 단백질을 열리게 하는 것을 보기 위해, 염소 이온(Cl-)의 흐름과 섬모가 실제 움직이는 것을 확인했다.

버텍스는 극단적으로 작은 규모의 인과관계, 그러나 그만큼 정확하고 확실한 인과관계에 몰두했다. 그리고 이를 좀더 정확하게 검증할 수 있는 검증모델까지 아예 개발해버렸다. '상업성'을 고려하지 않는 것처럼 보이는 방식이었지만 과학적이었다. 흥미로운 점은, 비록 작지만 확실한 인과관계를 잡아내자, 이 인과관계가 확장되기 시작했다는 점이다. 전체 CF 환자 가운데 4% 정도만 치료하는 것으로 시작했지만, 확인된 인과관계는 확장되기 시작해 새로운 신약개발로 이어졌다. 아직 버텍스의 신약이 타깃하고 있지 못한 CF 환자는 전체의 10% 정도다. 그리고 이 10%의 환자를 치료할 수 있게 되면 모든 CF 환자를 치료할 수 있게 된다.

우리는 여전히 생명 현상에 대해 정확하게 알지 못하기에, 밝혀지지 않은 아이디어 차원의 인과관계에서 시작하는 신약개발을 이어갈 수밖에 없다. 사람을 대상으로 마음껏 실험을 할 수 없으므로 효율이 떨어지는 방식으로 연구해야 하는 분야도 있다.

그러나 바이오텍의 목표에는 매력적인 가설을 입증해 여러 질병을 치료하는 궁극의 신약을 개발하는 것만 있지 않다. 단 10명의 환자를 치료할 수 있다고 해도, 이들을 확실하게 치료할 수 있다면 그것 또한 바이오텍의 일이다. 전자는 전 세계적 규모의 제약기업들이 충분한 자원을 가지고 오래전부터 해오고 있다. 바이오텍인 버텍스는 후자를 택했고, 실제로 그 일을 해냈다.

그릇에 사탕이 담겨 있다. 생명과학 연구자는 이 장면을 보고 생각한다. '이 그릇은 사탕을 담는 용도로군!' 그런데 옆방에서 연구하던 물리학자가 생명과학 연구자 방에 놀러왔다. 그도 이 장면을 보았다. '그릇에 사탕을 담을 수 있다면, 물을 담을 수는 없을까? 물이 그릇에 흡수되거나 새어나가지는 않으려나?' 옆 건물에서 밤을 새던 공학자도 생명과학 연구자 방에 놀러왔다. '그릇 안에 담을 수 있는 사탕은 하나둘씩 세어갈 수 있다. 그렇다면 물을 담았을 때는 어떻게 정확한 양을 잴 수 있을까?' 공학자를 따라온 데이터 과학자가 여기에 한 마디를 보탠다. '그릇 안에 사탕과 물이 얼마나 담기는지 알 수 있고 각각의 특성 또한 알 수 있다면, 앞으로 담을 물질의 특성에 따라 얼마나 담을 수 있을지 예측할 수도 있을 것 같은데!'

다른 연구자들에 비해 생명과학 연구자가 조금 모자라 보인다고 생각할 수 있다. 그러나 절대 그렇지 않다. 생명과학 연구자는 이것이 '그릇'인지 '모자'인지 구분하는 일만으로도 벅차다. 아직 밝혀야 할 것이 너무 많은 개별 생명 현상에 집중하는 것만으로도 쉽지 않다. 그러니 바이오텍의 생명과학 연구자가 눈앞에 있는 것이 그릇이라는 것을 확인했다면, 서둘러 물리학자, 공학자, 데이터 과학자, 임상의사 등과 상의해야 한다. 이 그릇을 어떻게 써먹을지에 대한 아이디어와 구체적인 방법은 다른 연구자들의 눈에 더 잘 보일 수 있기 때문이다.

버텍스가 CF 치료제를 개발할 수 있었던 데는, 생명과학의 눈에서 적당히 비켜서 있었기 때문일지도 모른다. CFTR 유전자 변이가 CF의 원인이고, 이로 인해 세포막에 있는 이온 채널에 문제가 생긴다는 것을 알아내는 것까지, 즉 이것이 모자가 아니라 그릇이라는 점은 생명과학자가 가장 잘 찾아낼 수 있는 영역이다. 그러나 '어떤 약물이 CFTR 치료제로 작동할 수 있을 것인가'에 대해서까지, 그리고 과연 'CF가 치료된다는 것은 무엇을 보고 평가할 수 있을 것인가'에 대해서까지 생명과학 연구자가 모든 것에 답하기는 어렵다.

안타까운 것은 보통의 좋은 바이오텍이 이 한계를 넘어서기 어렵다는 점이다. 과학 이후의 과학으로 나아가는 위대함은 또 다른 문제이기 때문이다. 어떤 방법론으로 접근하고, 어떤 데이터를 쌓고, 실패한 연구를 원점으로 되돌리는 것이 아니라 조금이라도 앞으로 나아간 새로운 시작점을 설정하는 것은 생명과학만으로는 할 수 없다. 그래서 버텍스는 실패를 버티다가 신약개발에 성공한 것이 아니라, 과학 다음의 과학을 기꺼이 받아들여 조금씩 성공을 쌓아오다 결국 신약을 개발할 수 있었는지도 모른다. 바이오텍의 지속 가능성(sustainability), 신약개발의 성공 가능성을 결정하는 것은 과학 이후의 과학이다.

제5장

돈과 시간 그리고 과학

희망이 꺾이는 일은 늘 생긴다.
하지만 저 앞에 보이는 모퉁이를
돌아서면, 다시 희망을 갖게 하는
일이 기다리고 있을 것이다.
그런데 바이오텍이 저 앞에 보이는
모퉁이까지 마저 걸어가려면
반드시 돈이 있어야 한다.

    ― **조슈아 보거**

"생각하는 것보다 더 많은 돈을 모아야 하며, 항상 예상보다 더 많은 비용이 필요하다."

"돈으로 시간을 산다."

"돈은 어느 산업 영역이든 리스크를 컨트롤할 수 있는 유일한 요소다."

버텍스가 HCV 치료제를 개발하기 시작해 시판하기까지 15년이 걸렸다. CF 치료제 개발을 시작해 환자들에게 처방하기까지는 13년이 걸렸다. 버텍스는 1989년에 설립한 후 22년 동안 단 2분기만 흑자를 냈고, 첫 CF 치료제로 안정적인 수익이 날 때까지 40억 달러를 투자해야 했다. 시간과 돈을 정말 많이 썼다.

신약개발은 아무리 짧게 잡아도 10년 이상 걸리는 일이다. 천문학적인 비용을 써야 하며 위험이 크다. 그리고 버텍스의 CEO 조슈아 보거는 이 의미를 정확하게 알고 있었다. 중요한 것은 돈을 확보하는 것이었다. 버텍스는 끊임없이 대규모 펀딩으로 자금을 확보했다. 그리고 위험을 분산하려고 10여 개 정도의 프로젝트를 늘 동시에 진행시켰다. 어차피 모든 신약개발 프로젝트가 성공할 수는 없다. 따라서 프로젝트들의 성공 가능성을 빨리 확인해 가능성이 낮은 것을 포기하고, 가능성이 높은 것에 집중하려면, 여러 가지 실패를 동시에 해야 한다.

동시에 여러 프로젝트를 진행하는 방식은 시간을 줄이는 데도 도움을 준다. 한 가지 프로젝트의 성공 가능성을 확인하는 기간이 최소한 10년이라고 했을 때, 어떤 프로젝트가 끝나고 그 결과를 확인한 다음 프로젝트로 넘어가는 것은 위험이 너무 크다. 따라서 동시에 여러 가지를 진행하고, 빠르게 실패를 확인하는 것이 중요하다. 돈으로 실패를 사는 방식이다.

돈으로 실패를 사는 방식은, 자금에 여유가 있는 거대 제약기업이 주로 쓰는 방식이다. 그러나 신약을 개발한다는 점에서 보면 거대 제약기업이나 바이오텍이나 마찬가지다. 어쩌면 바이오텍에 더 필요한 전략일 수도 있다. 거대 제약기업은 이미 의약품을 팔아서 돈을 벌어들이고 있다. 따라서 거대 제약기업은 특정 프로젝트가 실패해도, 이미 팔고 있던 의약품 매출로 버티면서 다음 프로젝트를 이어갈 수 있다. 그런데 바이오텍은 당장 팔 수 있는 것이 없다. 오랫동안 한 가지 프로젝트를 진행하다 실패하면 회복이 어렵다. 그러니 돈을 들여서 빠르게 실패를 구입하는 방식이 바이오텍에 더 필요하다. 이렇게 보면 바이오텍에는 실패를 구입할 돈이 있어야 한다.

한편 마케팅 비용도 문제다. 제약 산업에서 마케팅 비용은 제법 큰 비중을 차지한다. 보통 대형 제약기업은 R&D 비용의 3배 정도를 마케팅 비용으로 쓴다고 한다. 신약을 개발해놓은 바이오텍이라면 마케팅에 엄청난 비용을 쓰는 거대 제약기업과 경쟁을 벌이기 위해 마케팅 비용을 크게 지출해야 한다. 이는 단순히 돈이 더 들어가는 문제가 아니다. 마케팅 역량을 갖추기 위해 써야 하는 시간과 노력까지 따져보면 적지 않은 문제다. 아직 신약을 개발하지 못한 바이오텍은 어떨까? 당장 지출하는 마케팅 비용이 없을지라도, 신약을 개발했을 때 바로 마케팅 경쟁을 펼치기 위한 에너지를 마련해두어야 한다.

버텍스는 바이오텍의 돈 문제를 해결하는 데 과학을 활용했다. 과학적으로 인과관계 입증이 거의 끝난 희귀질환 치료제 개발은, 버텍스의 비용을 줄이는 데 도움을 주었다. CF처럼 난치성 희귀 질환을 앓고 있는 환자들, 그들을 치료하려는 의료진은 이미 네트워크를 갖추고 있는 경우가 많다. CFF도 결국은 환자를 중심으로 한 네트워크였다. 버텍스가 이 네트워크 안으로 들어가자, 연구비를 투자받고 마케팅 비용을 줄일 수 있었다. CFF는 연구비를 투자했고, 연구에 필요한 데이터를 모아주었으며, 버텍스가 CF 치료제를 개발하고 있다는 소식은 CFF를 거쳐 미래의 소비자들에게 알려졌다. 환자의 숫자가 적을지언정 과학적 인과관계 입증이 끝난 치료제 개발에 나선 덕분이었다. 신약개발을 가장 바라는 소비자들이 스스로 만든 네트워크 안으로 들어가자, 신약을 개발하고 있다는 사실 자체가 마케팅을 하는 효과가 된 것이었다.

버텍스는 과학으로 아낀 마케팅 비용을 다시 과학에 투자하고, 실패를 구입하는 데 쓴다. 2017년 기준, 버텍스에는 16명의 마케팅 인력만 있었다고 한다. 대신 매출액의 약 80%를 다시 R&D에 투자했다. 이 금액이 18억 2,000만 달러였다. 지금도 버텍스는 전체 비용의 70%를 R&D에 투자하는 바이오텍이다. 전 세계적 규모의 제약기업도 R&D 비용에 보통 매출액의 10~15% 정도를 쓰며, 20%가 넘어가면 R&D에 공격적으로 돈을 쓴다고 평가받는다. 버텍스는 R&D에 총력전을 펼치고 있는 셈이다.

제도가 보장하는 특허
과학이 보장하는 독점

신약을 개발하는 기업은 주기적으로 위기가 맞이한다. 바로 특허 만료다. 전 세계적으로 10위 권에 들어가는, 흔히 말하는 블록버스터 의약품은 보통 연간 10억 달러 규모의 매출을 낸다. 그리고 개별 제약기업의 전체 매출에서 블록버스터 의약품 매출이 차지하는 비율도 높다. 머크의 매출에서 키트루다가 차지하는 비중은 40%이며, 애브비의 휴미라는 30% 정도다.

　그런데 블록버스터 의약품의 특허가 만료되면 상황은 빠르게 바뀐다. 복제약이 시장에 나오기 때문이다. 오리지널 의약품의 특허가 끝나면 해당 시장을 놓고 경쟁을 벌이기 위한 바이오시밀러와 제네릭 프로젝트가 여러 곳에서 진행되며, 특허 만료와 동시에 이들이 시장에 나온다. 물론 기존 신약의 매출이 줄어들고, 기업 전체의 매출도 크게 줄어든다. 이는 기업 경영에 커다란 위기로 이어질 수 있다. 예를 들어 BMS는 항응고제 엘리퀴스(Eliquis®, 성분명: Apixaban), 다발성골수종 치료제 레블리미드(Revlimid®, 성분명: Lenalidomide) 등 주요 의약품의 특허가 끝나감에 따라, 2023년에 수십억 달러에 이르는 인수계약을 3건이나 맺었다. 그럼에도 2024년 2,200명 규모의 구조조정과 R&D 프로그램 중단을 피할 수 없었다.

전 세계적 규모의 제약기업이라고 해도 특허 만료는 커다란 위기다. 따라서 특허가 만료됨에 따라 매출이 줄어들면 비용을 함께 줄이려고 대규모 구조조정이 일어나고는 한다. 또한 새 수익원 창출을 위한 큰 규모의 인수합병이나 파트너십 계약도 일어난다. 이 사이클은 바이오텍에 직접 영향을 준다. 거대 제약기업의 대규모 구조조정은 바이오텍이 인력을 흡수할 수 있는 기회가 되기도 하며, 밖으로 나온 연구자들이 새 바이오텍을 설립하기도 한다. 그리고 거대 제약기업의 대형 계약은 바이오텍이 자신들의 물건을 팔 수 있는 기회이기도 하다. 따라서 거대 제약기업의 특허 만료 생명주기(?)는 바이오텍에 매우 중요하다.

이런 특징으로 인해 바이오텍은 전 세계적 규모의 제약기업이 어떤 분야에 관심을 갖고 있는지, 무엇을 사려고 하는지 등에 맞춰 신약개발 방향을 바꾸거나 새 파이프라인을 갖춘다. 투자자들도 전 세계적 규모의 제약기업의 움직임에 예민하게 반응하고 빠르게 대응하는 대응하는 바이오텍에 투자하는 경

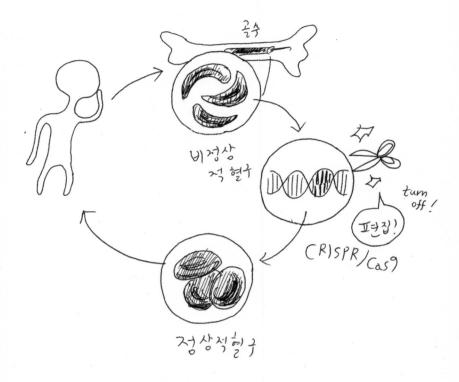

카스게비(미국 판매명 : 엑사셀)의 치료 메커니즘은 매우 직관적이다. 적혈구 단백질을
발현하는 유전자에 변이가 생기면, 비정상적인 모양의 적혈구 단백질이 만들어진다. 이 경우
적혈구의 표면적이 좁아 충분한 산소를 운반하지 못해 평생 빈혈을 앓아야 하며, 주기적으로
수혈을 받아야 한다. 비정상적으로 생긴 적혈구가 아예 혈관을 막아버리기도 한다.
카스케비는 원인을 직접 타깃한다. 크리스퍼(CRISPR) 유전자 가위를 이용해 정상적인
형태의 적혈구가 만들어질 수 있도록 유전자를 편집하는 것이다.
크리스퍼 유전자 가위가 개발되었을 때, 이를 이용한 신약을 기대하는 이들이 많았다. 그러나
버텍스가 첫 주인공이 되리라 생각하는 이들은 거의 없었다.

향이 있다. 신약개발 바이오텍에 투자하면서 생기는 위험을 줄이려는 것이다.

그런데 버텍스는 반대로 행동한다. 버텍스가 외딴곳에 처박혀 자신만의 세상에 산다는 뜻은 아니다. 다른 기업들의 연구에 관심을 갖지만, 이는 버텍스가 연구하는 것에 도움을 얻기 위해서다. 그리고 전 세계적 규모의 제약기업의 대형 특허가 만료되든, 그로 인해 대형 계약이 맺어지든 말든 버텍스는 자기 연구에 집중하는 것처럼 보인다. 어차피 버텍스가 연구하는 분야는 버텍스만 하고 있기 때문인 이유도 있다. 누가 따라서 할 수도 없으니, 버텍스는 '제도가 보장하는 특허'와 '과학이 보장하는 독점'의 혜택을 모두 누릴 수 있는 기회를 얻는다.

오히려 버텍스는 대형 제약기업에 자신의 것을 팔기보다는, 자신에게 필요한 것을 사들이는 모습을 보여준다. 과학이 정확하다면, 신약으로 가기 위해 무엇이 얼마나 필요한지 계산할 수 있다. 그리고 이렇게 계산할 수 있다면, 신약개발 과정을 완주하는 일을 마다할 이유가 없다. 또한 필요한 것을 사들이는 일에 주저할 이유도 없다. 버텍스는 2015년부터 크리스퍼 테라퓨틱스(CRISPR Therapeutics)와 유전질환 치료제에 대한 공동연구를 시작했다. 그리고 8년 만에 크리스퍼 유전자 가위를 이용한 치료제인 카스게비를 개발했다. 2024년 현재 카스게비를 제외하고, 상업화에 가깝게 개발된 유전자편집 방식의 치료제는 없다.

이뿐만이 아니다. 버텍스는 모더나(Moderna)와 CF 치료제 개발에 mRNA를 도입하는 라이선스 인 계약을 계약금 4,000만 달러에 맺고 2016년부터 함께 연구를 이어오고 있다. 2020년 9월에는 유전자편집 방식의 CF 치료제를 개발하는 것으로 파트너십을 키웠다. 계약금 7,500만 달러 규모로 모더나의 mRNA와 지질나노입자(LNP) 기술을 이용하는 내용이었다. 두 기술은 코로나19 백신을 개발하는 데 핵심적인 역할을 한 기술이었다. 2023년 버텍스는 CFTR mRNA VX-522의 미국 임상시험계획서(IND)를 제출한다.

버텍스는 2019년에 제1형 당뇨병(T1D) 세포치료제를 개발하는 세마테라퓨틱스(Semma Therapeutics)를 9억 5,000만 달러에 인수했다. 제1형 당뇨병은 자가면역질환으로, 환자의 면역 체계가 췌장의 베타세포를 공격하면서 시작된다. 환자 자신의 면역 체계의 공격을 받은 췌장의 베타세포는 인슐린을 제대로 만들지 못하고, 당뇨병으로 이어진다. 미국을 기준으로 150만 명 정도의 환자가 T1D를 앓고 있으며, 매년 3만 명 정도 규모로 T1D 환자가 늘어나는 것으로 보고되고 있다. T1D도 당뇨병이기에 환자는 인슐린 주사를 맞는다. 세마테라퓨틱스는 T1D 환자에게 인슐린을 분비하는 췌도 세포를 이식하는 치료법을 연구하고 있었다.

세마테라튜틱스를 인수하고 2년이 지나 버텍스는 단회 투여 동종줄기세포 유래 인슐린 분비 췌도세포치료제(insulin-producing islet cell therapy) VX-880을 임상개발 단계로 발전시켰다. 이후 인슐린 의존성을 없애거나 줄여 혈당조절이 개선된 임상1/2상 결과를 업데이트해오고 있다.

버텍스의 투자는 여기서 멈추지 않는다. 2022년, 버텍스는 제1형 당뇨병 세포치료제를 개발하는 비아사이트(ViaCyte)를 3억 2,000만 달러에 인수했다. 캡슐화 장치를 환자에게 이식해 면역억제제를 따로 투여할 필요가 없는 이점을 얻기 위해서다. VX-880은 동종줄기세포, 즉 건강한 공여자의 줄기세포를 이용한다. 동종줄기세포 치료제의 경우 환자의 면역 시스템이 외부에서 침입한 물질로 보고 면역반응을 일으키는 문제가 있다. 면역반응이 일어나면 환자의 면역 시스템이 치료제를 파괴해 치료 효과가 떨어지고, 지나친 면역반응이 환자에게 부작용을 일으켜 위험해질 수 있다. 그리고 이를 막으려면 면역억제제를 투여해야 한다.

그런데 캡슐화 장치에 VX-880을 담고, 이를 환자에게 수술로 이식하면 면역 체계의 공격으로부터 세포 치료제를 보호할 수 있다. 물론 환자에게 면역억제제를 따로 투여하지 않아도 된다. 버텍스는 VX-880 세포에 캡슐화 장치를 적용해 면역억제제를 투여하지 않아도 되는 VX-264로 임상1/2상을 진행하고 있다. 또한 VX-880 자체를 유전자편집해서 면역 반응을 일으키지 않는 세포(hypoimmune cell)로 조작하는 연구도 함께 진행하고 있다.

과학은 완치를
구체적으로 희망하게 해준다

버텍스가 신약개발 마지막 끝단을 '직접 출시'로 잡는 것도 과학과 연결해서 생각해볼 수 있다. 버텍스는 자신들이 발견한 좋은 후보물질을 거대 제약기업에 판매하는 결말을 바라지 않는 것처럼 보인다. 어떤 경우에도 개발을 마무리해 신약을 끝까지 개발하는 것을 전제한다.

이것도 과학 덕분이다. 신약개발은 주어진 시간 안에 답을 풀 수 있는 입시 문제가 아니다. 언제 답을 풀 수 있을지 정확하게 가늠하기 힘든 여정이다. 바이오텍이 버티기 어려운 조건에 놓여 있음에도 버티게 해주는 힘은, 결국 신약을 개발해 환자를 치료하고 돈을 벌 수 있다는 희망이다. 그러나 단순한 희망만으로는 이 모든 것을 버틸 수 없다. 이때 구체적인 과학이 힘이 될 수 있다. 과학은 단순한 희망을 넘어서는, 눈에 보이는 무엇인가를 제공한다. 논리적인 예측을 가능하게 해주는 과학이 있다면 바이오텍은 신약개발의 끝단까지 버틸 수 있다.

신약개발의 끝단에는 치료제의 출시가 있다. 가장 완벽한 형태의 신약은 큐어(cure), 즉 질병을 완치할 수 있는 신약일 것이다. 버텍스는 완치할 수 있는 치료제를 개발하는 것을 목표로 두고 있는 듯하다. 흔히 '암을 정복하려는 도전'과 같은 표현을 쓰지만, 진정한 의미에서 정복이라는 말은 버텍스가 CF 치료를 두고 벌이는 일들에 쓸 수 있을 것이다. 버텍스는 전체 CF 환자의 4~5%를 치료할 수 있는 치료제를 개발하는 것으로 시작했다. 그런데 이제 전체 환자의 10%를 치료할 수 있는 신약만 마저 개발하면, CF 환자 100%를 치료할 수 있는 방법을 내놓을 수 있다. 그리고 버텍스는 마지막으로 남은 이 10%의 CF 환자들을 위한 신약개발을 이어가고 있다. 정말로 CF를 정복할 수 있을지도 모를 일이다.

버텍스가 처음부터 CF 완치를 목표로 두었는지는 알 수 없다. 다만 '원인을 고칠 수 있다'는 근거를 과학에서 얻은 것은 확실해 보인다. 그리고 '과학적으로 완치할 수 있다'는 근거가 마련되는 순간, 바이오텍을 둘러싼 여러 관계자들이 열정적으로 신약개발에 함께 참여할 수 있는 계기가 마련된다.

예를 들어 CFF는 직간접적으로 개발비와 신약개발에 필요한 데이터를 제공하는가 하면, CF의 환자의 폐 조직 샘플을 제공하면서 연구를 도왔다. 과학으로 완치가 가능하다는 것을 바이오텍이 보여줄 수 있다면, 환우 단체와 의료진은 신약개발의 최대 고비인 임상시험에 적극적으로 참여해 도움을 줄 것이다. 또한 공익 재단의 연구개발비 펀딩은 과학적으로 완치가 가능한 신약개발 프로젝트 쪽에 우선순위를 둘 것이다. 완치가 가능하다는 것을 바이오텍이 과학적으로 보여주면, 규제기관은 신약개발의 모든 과정에서 거쳐야 하는 허가와 승인에 유연성을 고민하는 등 긍정적인 입장을 가질 것이다. 덕분에 바이오텍은 오직 R&D에만 집중할 수 있고, 신약이 개발될 확률이 좀더 올라간다. 이는 모두 버텍스가 실제로 보여준 일이다.

미국 FDA는 희귀질환을 '미국에서 20만 명 이하의 환자에게 영향을 미치는 질환'이라고 정의한다. 희귀 유전병의 경우 환자 수가 10만 명 이하인 경우가 많다. 막상 신약을 개발해도 처방받을 수 있는 환자 수가 적은 것이다. 신약개발에 들어가는 막대한 비용을 계산하면 셈이 맞지 않는 장사처럼 보인다.

그러나 희귀유전병은 과학적 인과관계가 밝혀진 경우가 많다. 바이오텍은 큰 수익을 낼 수 있지만 과학적으로 밝혀진 것이 적어 신약개발 확률이 낮은 질병 치료제에 도전하는 것이 좋을까, 아니면 처방받을 수 있는 환자가 적지만 과학적 인과관계가 밝혀졌기에 상대적으로 신약개발 확률이 높은 질병 치료제에 도전하는 것이 좋을까? 정답은 없지만 버텍스는 일찌감치 입장을 정리한 것처럼 보인다. 바로 과학이다. 그리고 버텍스는 희귀질환 신약개발을 시작으로 시가총액, 매출과 수익에서 놀라운 성과를 냈다. 적어도 버텍스의 사례에서 보면, 가장 위대했던 것은 과학이었다.

오랜 경험과 최신 과학, 열정적인 연구자와 혁신에 돈을 넣는 투자자가 많은 미국에서도 버텍스는 특별한 바이오텍으로 여겨진다. 그러나 버텍스를 '신화'라고 부르는 순간, 할 수 있는 것도 나아지는 것도 없어진다. '특별한 사람들의 특별한 생각과 특별한 행동'은 우연하게 일어나는 일이다. 감탄스러운 멋진 이야기이기는 하지만 그 이상의 의미는 없다. 우리에게 필요하고 도움이 되는 것은 버텍스가 얼마나 평범했는지, 그 평범함이 어떻게 위대해질 수 있었는지를 살펴보는 것이어야 한다.

버텍스는 과학을 과학답게 했을 뿐이다. 모르는 것은 모른다고 말하고, 아는 것은 아는 만큼 활용한다. 신약개발에 나설 때는 반드시 과학적으로 시작할 수 있는 지점을 찾아, 그곳에서 출발한다. 다시 말해 유행이나 트렌드에 눈길을 잘 돌리지 않고 과학적인 팩트에 따라 의사결정을 내린다.

과학자는 현상과 현상 사이의 인과관계를 밝히기를 바란다. 그리고 밝혀진 것에서 시작해 인과관계에 집중하고, 예상했던 결과를 정확하게 얻기를 바란다. 버텍스는 비록 적은 수의 환자를 대상으로 하더라도 완치시킬 수 있다는 확신으로 임상개발에 나서는데, 이 확신의 근거는 정확하게 인과관계가 밝혀진 과학이다.

그리고 정확하게 인과관계가 밝혀진 과학은 임상 실패와 그에 따른 전략 수정, 평판의 하락, 핵심 인력이 떠나거나 구조조정을 해야 하는 상황, 언제나 부족한 자금, 같은 질병을 같은 메커니즘으로 타깃하는 신약을 개발하고 있던 옆집 바이오텍의 실패처럼, 바이오텍을 포기하고 싶은 마음이 드는 상황을 버티게 해준다.

좀더 정확하게 말하자면 단순히 버티게 해주는 힘이 되는

것을 넘어, 좋은 바이오텍에서 위대한 바이오텍으로 갈 수 있게
끔 해주는 원동력이 된다.

완치가 만들어내는 신약개발 에너지

CAR-T 세포 치료제나 유전자 치료제처럼 완치에 가까운 효과를 기대할 수 있는 신약이 개발되고 있다. 그러나 혁신적인 치료 효능을 갖고 있다고 해서 모두 상업적으로 성공하는 것은 아니다. 물론 상업적으로 성공한다고 해도 예상치 못한 일을 겪을 수도 있다.

길리어드는 HCV 치료제로 하보니(HARVONI®, 성분명: Ledipasvir/Sofosbuvir)를 개발했다. 하보니는 버텍스가 HCV 신약개발을 최종적으로 포기하게 만든 이유 가운데 하나인, 길리어드의 소발디에 버금가는 치료 효능을 보여주는 신약이다. 2014년 미국 FDA의 승인을 받은 하보니는 2016년에 90억 8,000만 달러어치가 처방되면서, 그해 전 세계에서 가장 많은 돈을 벌어들인 의약품 2위 자리에 올랐다.

길리어드의 소발디, 하보니는 성공적으로 HCV를 치료해나갔다. 그런데 길리어드 입장에서는 난감한 상황에 빠졌다. 두 신약 모두 완치에 가까운 효능을 내다보니 HCV 환자 수가 줄어들기 시작한 것이다. 하보니는 2015년에는 전년 대비 49%, 2016년는 24%까지 매출액이 줄어들었다. 이에 길리어드는 감염병 신약개발을 넘어 항암제 개발로 눈길을 돌렸다. 2017년 길리어드는 CAR-T 세포 치료제 바이오텍인 카이트파마를 119억 달러 규모에 인수했다.

이렇게 보면 완치제에 가까운 소발디와 하보니는, 길리어드와 인류에게 두 가지를 선물한 셈이다. 인류가 HCV의 공포에서 벗어나게 해주었고, 길리어드가 다시 새로운 신약개발에 나설 수 있는 계기를 마련해준 것이다. 길리어드는 CAR-T 세포 치료제 개발에 나섰고, 길리어드가 나서면서 역시 완치에 가까운 치료 효과를 목표로 하는 이상적인 혈액암 치료제가 개발될 가능성은 높아졌다.

리제네론

III

제6장

과학자는 원래 괴짜처럼 보인다

신약개발에 성공한다는 것은
당신이 좋아하는 아이디어를
증명하는 것이 아니다.
신약개발의 성공은
얼마나 많은 환자가 처방받고
환자의 상태가 얼마나
나아지는지에 대한 문제다.

― 로이 바젤로스

리제네론이 개발한 신약들을 보면 일반적인 제약기업이나 바이오텍의 신약 라인업과는 달라 보인다. 리제네론이 개발한 신약 가운데 노인성(연령 관련) 황반변성(age-related macular degeneration, AMD) 치료제 아일리아(EYLEA®, 성분명: Aflibercept), 아토피 피부염 치료제 듀피젠트(DUPIXENT®, 성분명: Dupilumab), 심혈관 질환 치료제 프랄런트(PRALUENT®, Alirocumab) 등이 유명하다. 리제네론이 시판 허가를 받은 신약은 9개로, 이 가운데 코로나19가 유행할 때 치료제로 긴급승인을 받은 리제코브(REGEN-COV®, 성분명: Casirivimab+Imdevimab)를 뺀 나머지 8개는 안과 질환, 염증 질환, 심혈관 질환, 희귀 질환과 암을 타깃한다.

즉 리제네론이 개발한 신약의 목록은, 치료 영역(therapeutic area, TA)에 구분이 없는 목록이다. 신약개발 기업이라면 덩치가 크든 작든 주 종목이 있게 마련이다. 예를 들어 자가면역질환은 애브비와 존슨앤드존슨(J&J), 항암제는 로슈, 머크, BMS와 같은 식이다. 그런데 리제네론의 라인업을 보면, 이런 식의 주종목이 뚜렷하게 드러나지 않는다. 언뜻 봐서는 이해하기 어렵지만 어쨌거나 신약을 9개나 개발했고, 지금도 활발하게 쏟아내고(?) 있다.

경영의 측면에서는 어떨까? 황반변성 치료제 아일리아는

리제네론이 혁신적인 신약을 개발할 능력이 있다는 것을 보여준 첫 사례였다. 그런데 리제네론이 아일리아라는 의미 있는 신약을 세상에 내놓기까지 20년이 걸렸다. 신약개발이라는 것이 단기간에 이루어지는 것이 아니기에 개발 기간 자체에 이슈가 있었다고는 할 수 없다. 그러나 비용으로 넘어가면 이야기가 달라진다. 아일리아가 나오기 직전까지 리제네론의 누적 적자는 20년 동안 12억 달러 규모였다. 첫 흑자는 설립 후 24년이 지나서야 구경해볼 수 있었다. 오래 투자해야 하는 신약개발 바이오텍이라지만 지나친(?) 느낌이 없지 않다. 리제네론은 오랫동안 '비즈니스를 모르는 과학자 모임'이라는 비아냥을 들어야 했다.

리제네론은 특화해서 전문적으로 개발하는 신약의 분야가 정확하지 않고, 그렇다고 경영에서도 특별한 점을 보여주지 못했다. 그런데도 리제네론에는 이 모든 것을 압도하는 무엇인가가 있다. 사실 TA가 선명하지 않다고 하지만 환자와 의료진 입장에서 그건 중요한 문제가 아니라, 오히려 환영할 일이다. 여러 제약기업과 바이오텍이 자신들의 고유한 TA에서 신약을 내놓지 못했는데, 리제네론처럼 TA 구분 없이 신약을 내놓는 곳이 있다면 치료제에 대한 기대를 내려놓지 않아도 되기 때문이다.

한편 정말로 리제네론은 약은 못 만들고 돈만 잡아 먹는 괴짜 연구자 집단이기만 했을까? 2013년 기준 220개 시판 약물을 추적해, 전 세계적으로 10년간 3개 이상의 신약을 시판한 회사가 각 신약에 쓴 비용을 계산해봤더니 평균 R&D 비용은 43억 달러였다. 그런데 리제네론은 7억 3,600만 달러에 그쳤다. 심지어 화이자는 평균적으로 신약 1개를 개발할 때 78억 달러를 썼다. 신약을 개발해놓고 계산해보니 리제네론은 가장 경제적으로 신약을 개발하고 있었다. 리제네론은 설명하기 어려운 바이오텍이다.

레너드 슐라이퍼

리제네론의 창업자는 레너드 슐라이퍼(Leonard S. Schleifer, 1953~)다. 슐라이퍼에게 영향을 끼친 사람 가운데 그의 아버지가 있다. 슐라이퍼는 아버지에게 '교육은 세상에 맞서 싸울 수 있는 무기'라는 말을 자주 들었다고 한다. 아버지의 영향 때문인지 슐라이퍼의 '공부 이력'은 화려한 편이다. 그는 미국 버지니아 대학의 알프레드 길만(Alfred G. Gilman, 1941~2015) 연구실에 들어갔다. 길만은 세포 내 신호분자 G단백질(G-protein)을 발견해 1994년에 노벨상을 탄 과학자였다. 길만의 지도 아래 약리학 박사가 된 슐라이퍼는 신경과 전문의 자격증을 딴다. 이후 코넬 대학 의대에서 신경과 조교수로 일했다.

　1980년대 중후반 슐라이퍼는 환자 치료를 위한 아이디어를 얻기 위해 이런저런 논문을 살펴보던 가운데 제넨텍(Genentech)에서 나오는 논문들에 매력을 느꼈다. 당시 제넨

가운데에서 리제네론 구성원들에게 이야기를 하고 있는 레너드 슐라이퍼

텍은 DNA 클로닝(cloning) 기술을 바탕으로 성장인자(growth factor)를 개발하고 있었다. 제넨텍은 혈액세포에 영향을 미치는 인자와 성장호르몬 연구에 집중했는데, 심장마비 환자의 혈전을 녹여서 치료하는 신약과 성장호르몬 결핍증 치료제를 개발하고 있었다. 슐라이퍼는 제넨텍과 비슷한 방식으로 신경질환 치료제를 개발하는 바이오텍이 없다는 것을 깨달았다.

신경과 의사이자 교수였던 슐라이퍼는 제넨텍의 논문들에서 근위축성측색경화증(또는 루 게릭 병, amyotrophic lateral sclerosis, ALS) 같은 질병을 치료할 수 있을 것이라는 아이디어를 얻었다. ALS는 운동신경세포가 죽는 병이다. 운동신경세포가 죽으니 근육과 관계된 기능이 멈춰가기 시작한다. 얼굴 근육을 움직이지 못해 표정이 마비되고, 운동에 쓰이는 근육이 굳어져서 움직일 수 없게 된다. 음식물을 삼키는 데에 어려움을 겪는데, 음식물이 폐로 잘못 넘어가 폐렴의 원인이 되기도 한다. 결국 호흡과 심장박동에 관계된 근육이 멈추면서 환자가 사망한다.

ALS가 발병하는 원인은 2024년 현재까지도 정확하게 밝혀지지 않고 있지만, 치료에 대한 수요는 높다. ALS 발병 가설 가운데 하나로, 신경 전달의 기본 단위인 뉴런(neuron)에 일차적인 신호전달을 담당하는 흥분성 신경전달물질(excitatory neurotransmitter)인 글루타메이트(glutamate)가 지나치게 많이 쌓이면서 독성을 일으키고 뉴런이 사멸한다는 것이 있었다. 연구자들은 뇌 글루타메이트 시스템을 조절할 수 있는 약물이라면 ALS 치료제가 될 것이라고 보았으며, 이에 따라 리루졸(Riluzole)이라는 약물이 개발됐다. 1995년 미국 FDA의 시판허가를 받은 리루졸은 ALS 환자의 병기 진행을 늦춰 생존 기간을 2~3개월 정도 늘릴 수 있었다. 그러나 2024년 현재까지 리루졸이 어떻게 ALS 환자의 생존 기간을 늘리는지에 대한 메커니즘은 정확하게 밝혀지지 않고 있다. 늘어난 2~3개월이라는 생존 기간도 그리 길어 보이지는 않지만, 이 정도의 효과를 보여주는 약물도 마땅치 않아 여전히 처방되고 있다.

또 다른 가설로는 신경세포 생존과 재생을 촉진하는 신경영양인자(neurotrophic factor)를 주입해 ALS를 치료할 수 있을 것이라는 의견이 있었다. 슐라이퍼의 생각도 이쪽에 가까웠다. 'ALS가 운동신경세포가 죽어서 생기는 문제라면, 제넨텍이 연구하고 있는 것처럼 신경성장인자(nerve growth factor, NGF)를 재조합으로 합성해 환자에 투여하면 치료할 수 있을 것이다!' 또한 뇌는 그 어떤 장기보다 복잡하기에 NGF 외에도 신약으로 개발할 수 있는 추가적인 신경 인자를 제넨텍의 방식으로 찾아 치료제로 개발할 수 있을 것이라고 생각했다.

슐라이퍼는 ALS 신약을 개발하는, 제넨텍 같은 바이오텍을 만들기로 한다. 신약은 바이오텍에서 나올 수 있다고 생각했기 때문이다. 대형 제약기업에서도 신약개발 연구를 하고, 대학과 병원의 연구실도 신약개발 연구를 했지만 둘 다 한계가 뚜

렸했다. 이는 대형 제약기업이 아닌 제넨텍에서 좋은 논문이 쏟아지고 있다는 것만으로도 설명할 수 있는 일이었다. 그는 바이오텍을 해보기로 했다. 이렇게 1988년 리제네론이 문을 열었다. 리제네론(Regeneron)은 '뉴런을 재생시키자(regenerating neurons)'라는 뜻과 '유전자(gene)'라는 뜻을 함께 담은 것이었다.

슐라이퍼의 박사 학위를 지도했던 길만은 슐라이퍼가 바이오텍을 만들겠다고 했을 때 말렸다고 한다. 그러나 슐라이퍼는 이미 바이오텍에 사로잡혀 있었다. 그는 약국에 약을 배달하는 컨셉의 작은 사업을 해봤던 경험도 있었다. 슐라이퍼는 바이오텍을 설립하기로 마음 먹고 메릴 린치(Merrill Lynch)의 벤처캐피탈리스트 조지 싱(George Sing)를 만났다. 중국 식당에서 가졌던 첫 만남에서 두 사람은 식당 냅킨에 사인했고, 100만 달러 이상의 시드(seed) 투자를 받았다. 그리고 교수직에서 물러났다.

슐라이퍼는 '과학+기업=바이오텍'이라는 공식에 따라 과학을 할 사람을 먼저 구했다. 슐라이퍼는 리제네론이 과학을 최우선으로 두는 바이오텍이라는 것을 보여주고 싶었다. 최고의 과학 자문단(scientific advisory board, SAB)을 구성하는 것은 단순히 연구를 하고 싶다고 말하는 것이 아니라, '기업의 정신이 과학 연구'임을 밝히는 것이라고 생각한 것이다. 그렇게 리제네론의 첫 과학 자문단이 꾸려진다. 리제네론의 과학 자문단은 노벨상 수상자 3명을 포함해 과학자, 의사, 의과학자가 중심이 되었다. 처음에 바이오텍 창업을 말렸던 길만은 리제네론의 과학자문단 모으는 것을 도와줬으며, DNA와 RNA 합성 메커니즘을 밝힌 아서 콘버그(Arthur Kornberg, 1959년 노벨 생리의학상), 콜레스테롤 대사 조절 기전을 연구한 마이클 브라운(Michael Brown, 1985년 노벨 생리의학상), 조셉 골드스테인(Joseph Gold-stein, 1985년 노벨 생리의학상), 신경성장인자 생합성을 밝힌 에릭 슈터(Eric Shooter) 등이 합류했다.

바이오텍의 첫 번째 마일스톤 과학 자문단

슐라이퍼는 바이오텍이 '자금을 조달할 수 있는 마일스톤(fundable milestone)'으로 네 가지를 꼽았다. 그리고 첫 마일스톤은 과학 자문단을 꾸리는 것이라고 생각했다. 2024년 현재에도 리제네론은 과학 자문단 구성원으로 미국 국립과학원(national academy of sciences, NAS) 멤버를 영입하는 등, 최고의 과학 자문단을 꾸리려고 노력을 기울인다.

한편 슐라이퍼는 리제네론을 시작하고 투자를 받으면서 감사위원회(audit committee), 보상위원회(compensation committee) 등과 같은 위원회가 필요하다는 것을 알게 되었다. 그런데 과학기술을 바탕으로 하는 비즈니스(바이오텍)를 하려는데, 이를 감시하는 기술 위원회(technology committee)가 없다는 것을 이상하게 느꼈다. 많은 바이오텍이 기술 위원회를 꾸리고 있었지만 실질적으로 작동하지는 않는 듯했다. 이에 슐라이퍼는 기술 위원회도 꾸렸다.

조지 얀코폴로스

바이오텍 밖에 과학 자문단을 꾸렸으니, 바이오텍 안에도 과학 팀을 꾸려야 했다. 리제네론 과학 자문단은 '분자생물학(molecular biology)의 시대가 열리고 있으며, 그 일을 할 사람이 필요하다'는 조언을 했다. 슐라이퍼는 생화학 연구를 해본 경험이 있어 단백질을 정제하고 효소 어세이(enzyme assay)를 할 수 있었지만, 분자생물학 지식은 없었다. 슐라이퍼는 젊고 뛰어난 최고의 과학자를 리제네론으로 데려오고 싶었다. 그리고 과학자문단은 조지 얀코폴로스(George Yancopoulos, 1959~)를 추천했다.

슐라이퍼는 1989년에 28세의 젊은 과학자 얀코폴로스를 최고과학책임자(CSO)로 영입했다. 얀코폴로스는 분자 면역학 (molecular immunology) 분야 연구자로 유명했던 프레더릭 알트(Frederick W. Alt, 1949~) 교수 연구실 출신이었다. 그는 박사 과정을 마치고 프레더릭 알트 교수 연구실에 남기를 바랐다고 한다. 프레더릭 알트 교수의 연구실 분위기는 독특했는데, 연구원들과 교수는 서로의 연구에 대해 무한정 토론을 벌이고, 서로 협력하면서 연구실을 꾸려갔다고 한다. 얀코폴로스는 이런 분위기 속에서 연구를 계속 이어가고 싶었지만, 더이상 연구원으로만 있을 수는 없는 상황이었다. 그는 어쩔 수 없이(?) 내키지 않았지만(??) 대학교수가 되기로 했다. 얀코폴로스는 8년 동안 250만 달러의 연구비를 지원받는 조건으로 그의 대학 연구실이 세팅되는 것을 기다리기로 했다는 이야기를 아버지에게 전했다. 그러자 아버지가 얀코풀로스에게 질문을 했다고 한다.

'그럼 너는 돈을 얼마나 벌게 되니?'

얀코풀로스는 1년에 3만 5,000달러 정도 벌 수 있을 것이며, 질병을 치료할 수도 있는 연구라고 덧붙였다. 그러자 조금 전까지 자랑스러운 표정을 짓던 그의 아버지는 예상치 못한 반응을 보여주었다.

'나는 나의 가족을 세상에서 가장 훌륭한 나라인 이곳 미국에 데리고 왔다. 아직도 옳은 일이었다고 생각한다. 그리고 나는 네가 충분히 교육받을 수 있도록 있는 힘을 다했다. 미국에서 네가 원하는 어떤 일을 해도 좋지만, 너의 연구가 사람들의 병을 정말로 고칠 수 있는 것이라면 그것보다는 많은 돈을 주겠지. 그건 확실해.'

얀코풀로스는 아버지의 말을 듣고 충격을 받았다고 한다. 맞는 말이었다. 정말 가치가 있는 과학, 질병을 치료할 수 있는 연구를 하는 사람에게 그 정도 보수가 주어질 리 없었다. 얀코풀로스가 고민에 빠져 있을 때 슐라이퍼로부터 전화가 왔다. 슐라이퍼는 자신의 바이오텍에서 유전자 클로닝을 잘하는 사람

조지 얀코풀로스

을 영입하고 있다고 했다.

슐라이퍼는 얀코풀로스를 만나는 저녁 식사 자리에 리제 네론 과학 자문단에 합류했던 노벨상 수상자 3명과 함께 나갔다. 얀코풀로스는 마이클 브라운과 조셉 골드스테인을 만나 흥분을 감추지 못했다고 한다. 이후 슐라이퍼는 얀코풀로스에게 한 번 더 만나 달라고 부탁을 했고, 얀코풀로스는 아버지와 함께 그 자리에 나갔다. 얀코풀로스의 아버지는 아들에게 사기꾼이 붙은 것인지, 아니면 좋은 기회가 생긴 것인지 직접 확인하고 싶었다. 그리고 얀코풀로스의 아버지는 슐라이퍼와 리제네론에 합격점을 주었다고 한다.

슐라이퍼는 과학에 미쳐 있던 얀코풀로스의 마음에 불을 지폈다. 얀코풀러스는 '리스크 또는 실패를 떠안다'는 말을 듣기는 했지만 구체적으로 와닿은 적은 없었다. 그러나 바이오텍은 정말로 모험을 떠나는 일이었다. 위험하고 실패할 수 있지만, 성공하면 질병을 고치고 사람을 살려낼 수 있는 일이었다.

한편 얀코풀로스는 슐라이퍼가 바이오텍을 대하는 태도에도 매력을 느꼈다고 한다. 슐라이퍼가 리제네론을 시작하면서 잡았던 컨셉은 '환자를 치료하는 신약을 제대로 개발하면, 부와 명예 같은 좋은 일은 자연스럽게 따라올 것'이라는 단순한 생각이었다. 그런데 핵심은 신약이나 부와 명예가 아니라 '제대로 개발하면'이었다. 관료주의에 얽매이지 않고 빠른 결정으로 연구에 속도를 내고, 연구자들과 모든 것을 공유해서 함께 결정하고, 무엇보다 과학자가 일하고 싶은 환경을 만드는 것이 슐라이퍼 자신의 일을 제대로 하는 것이라고 했다. 슐라이퍼의 과학자와 과학을 대하는 태도 또한 얀코풀로스의 마음에 들었다. 1989년, 얀코풀로스는 리제네론에 합류한다.

리제네론으로 출근한 얀코풀로스는 연구실부터 세팅했다. 단 그 과정이 순조롭지는 않았다. 1980~1990년대까지만 해도 학계와 업계를 분리해서 보는 경향이 강했다. 이런 분위기는 특히 제약 산업 분야에서 강했는데, 기업이라고 하면 '그저 돈을 벌려는 사람들이 모여 있는 곳'으로 보았다. 과학 연구와 과학자가 중심이 되는 새로운 컨셉의 기업 형태인 바이오텍에 대한 이미지도 크게 다르지 않았다. 이런 이유로 바이오텍에서 박사급 연구자를 영입하는 일은 쉽지 않았다. 얀코풀로스는 컬럼비아 대학 연구실에서 함께 연구하던 동료 8명에게 리제네론에서 함께 연구해보자고 제안했지만, 아무도 따라오지 않았다고 한다. 리제네론이 얀코풀로스 다음 연구자를 고용하기까지는 몇 달이 걸렸고, 얀코풀로스가 원하는 R&D 팀을 구성하는 데는 2년이 걸렸다.

그럼에도 리제네론에 얀코풀로스 연구실이 열린 지 1년이 지나자, 논문이 쏟아져나오기 시작했다. 7개의 논문이 발표되었는데, 대부분 뉴런 성장과 생존에 관련된 신경영양인자에 대한 것이었다. 얀코풀로스는 기존에 알려져 있던 뇌 유래 신경영양인자(BDNF)에 이어 NT-3(neurotrophin-3), 섬모 신경영양인자(ciliary neurotrophic factor, CNTF)를 찾아내 논문으로 발표했다. 이 가운데 『사이언스(*Science*)』에 발표한 NT-3에 대한 논문은 그해(1990년) 신경과학 분야에서 가장 많이 인용된 논문이 되었다.

이와 같은 리제네론의 움직임은 암젠(Amgen)의 눈길을 끌었다. 암젠은 제넨텍과 함께 생명공학 바이오텍으로 이름을 날리고 있었다. 암젠은 신부전 환자 등에게서 나타나는 빈혈을 치료하는 에포젠(EPOGEN®, 성분명:Eepoetin alfa; 1989년 출시)과, 혈액에서 백혈구를 늘리는 뉴포젠(NEUPOGEN®, 성분명: Filgrastim; 1991년 출시)을 개발해 주목을 받고 있었다. 에포젠은 출시된 첫해에 2억 달러라는 매출을 올렸다. 1992년에는 에포젠과 뉴포젠으로 10억 달러의 매출을 내기도 했다.

1990년 리제네론은 암젠과 두 종류의 신경영양인자(BDNF, NT-3)를 개발하고 상업화하는 파트너십(joint-venture partnership) 계약을 맺었다. 리제네론은 계약을 체결하며 암젠으로부터 1,500만 달러 규모의 지분투자(7.25%)를 받았는데, 당시 드물었던 50:50 이익분배 방식의 1억 달러 규모 공동개발 파트너십이었다. 암젠과 함께 리제네론도 연구개발비를 부담하고, 수익은 50:50으로 나누는 계약이었다. 리제네론과 암젠에서 각각 3명이 참여하는 공동 관리 위원회(Joint Management Committee)가 전반적인 파트너십 관리했다.

이런 분위기를 타고 1991년 리제네론은 미국 나스닥에서

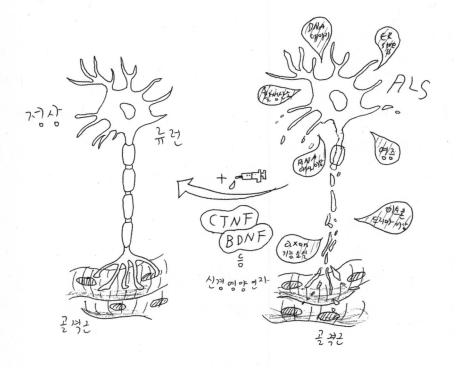

ALS에 걸린 환자의 뉴런 세포는 건강하지 못한 상태다. 뉴런 세포를 회복시키기 위해 BDNF, CNTF와 같은 신경영양인자를 투여해 ALS를 치료해보겠다는 것이 설립 초기 리제네론의 신약개발 컨셉이었다.

기업공개(IPO)에 성공했다. 리제네론은 수요가 높지만 진척이 없었던 신경질환에 도전하고 있는 바이오텍이었고, 노벨상 수상자 3명을 포함해 14명의 과학 자문단을 운용하고 있었을 뿐만 아니라 높은 수준의 연구 논문을 발표하고 있었으며, 이미 빅 바이오텍이 된 암젠과도 파트너십을 맺었다. 리제네론에 대한 기대감이 어떠했는지는 조달한 자금의 규모가 대신 설명해준다. 리제네론이 기업공개로 조달한 자금은 모두 9,160만 달러였다.

리제네론은 1990년대 중반까지 더 복잡한 신경질환에서 신경성장인자 치료제를 만들고, 2000년 이후부터는 알츠하이머 병과 파킨슨 병 치료제까지 개발한다는 목표를 세웠다. 1990년대 초 리제네론과 암젠은 BDNF와 NT-3, 두 종류의 신경영양인자를 주입해 신경조직을 되살릴 수 있는지 테스트를 시작했다.

그러나 생각처럼 쉽게 일이 진행되지는 않았다. 1994년 리제네론은 ALS 환자 720여 명을 대상으로 자체 진행한 섬모 신경영양인자(ciliary neurotrophic factor, CNTF) 주입 임상3상에 들어갔다. ALS에 걸리는 원인을 설명하는 가설 가운데 하나로 '운동 뉴런에 특화된 신경영양인자 부족'이 있었다. 연구 결과 CNTF는 BDNF와 함께 운동 뉴런 세포주와 동물 모델에서 생존 기간을 늘렸다. CNTF를 투여받은 쥐는 ALS 질병 진행이 늦어졌고 근력도 좋아졌다. 여러 연구팀이 실시한 실험에서 비슷한 결과가 나오자, CNTF를 ALS 환자에게 투여하는 임상시험이 시도되었다.

그러나 야심차게 시작한 임상시험은 실패했다. CNTF를 투여받은 환자에게 체중 감소, 식욕 억제, 기침, 감기 증상과 비롯한 심각한 부작용이 발생했기 때문이다. 어떤 환자는 심각한 부작용이 3개월까지 이어졌고, 부작용이 너무 심해 ALS 약물 효능을 보는 근력 검사를 제대로 하지 못하는 경우도 있었다. 임상시험에 들어가고 9개월 사이에 벌어진 일이었다.

리제네론은 임상시험에서 부작용이 심각하다는 것을 인정하고 임상개발을 완전히 멈추기로 한다. 이는 막대한 재정적 손해를 감수한 결정이었다. 리제네론이 부작용 이슈를 발표했을 때 주가는 일주일이 채 지나지 않아 13달러에서 8달러로 떨어졌고, 임상개발 중단을 발표하자 4달러까지 내려갔다. 비판은 거셌다. CNTF를 충분히 검증하지 않은 채 임상3상을 서둘렀다는 비판이 대표적이었다. 리제네론이 아닌 다른 연구 그룹에서 CNTF를 투여한 동물실험 결과, 독성이 나타났던 데이터가 있었는데 어떻게 임상시험에 들어갈 수 있냐는 비판이었다. 심지어 리제네론의 주주들은 리제네론이 허위사실을 유포했다며 소송까지 걸었다. 리제네론이 불리한 사실은 숨기고, 제약산업에 대한 환상을 만들어 주가를 부풀리는 방식으로 주주들에게 손해를 입혔다는 것이었다.

ALS 치료제 개발을 위해 CNTF를 투여하는 임상3상은 멈

쳤고, 리제네론은 CNTF와 관련된 인력 가운데 25%를 구조조정해야 했다. 단 CNTF 임상 실패가 다른 ALS 연구에까지 영향을 주지는 않았다. 여전히 신경영양인자에 대한 리제네론의 믿음은 계속되고 있었고, 슐라이퍼는 한 번의 실패로 신경영양인자를 테스트하는 것을 멈추는 결정이 옳지 않다고 생각했다. 리제네론은 일단 CNTF를 접고 다른 신경영양인자인 BDNF에 집중하기로 한다.

그러나 또 다른 실패가 찾아왔다. 1997년, 암젠과 리제네론은 ALS 환자 1,000여 명을 대상으로 BDNF를 투여하는 임상3상에서 환자의 상태와 생존 기간을 개선하지 못했다. 이번 임상시험 실패의 영향은 이전보다 컸다. 언론에서는 '임상 실패로 암젠은 차질을 겪었지만 리제네론은 휘청거리고 있다', '바이오텍이 두 번째 기회를 얻는 일은 거의 없다', '리제네론은 세계 최고 연구 능력을 갖춘 바이오텍이지만 연구가 약이 되는 것은 아니다'와 같은 악평이 쏟아졌다. 그럼에도 슐라이퍼는 여전히 NT-3이나 CNTF와 연관된 물질인 액소카인(axokine)에 미련을 버리지 못했다.

로이 바젤로스

슐라이퍼와 얀코풀로스는 ALS 치료제 임상시험 실패 이후 고민에 빠졌다. 얀코풀로스는 과학이 훌륭했을지 모르지만 환자가 더 오래 살도록 돕지 못했다는 점에 좌절했다. 실질적으로 질병을 치료하는 약을 찾는 것이 매우 어려우며, 신약개발이 매우 어렵다는 것을 절실하게 느꼈다. 슐라이퍼의 고민도 깊었다. 투자자들은 리제네론에 점점 인내심을 잃어가고 있었지만, 리제네론에는 전략과 자금이 필요했다. 다만 슐라이퍼는 단순히 상황을 벗어나는 것이 아닌, 더 큰 전환점(landmark point)이 필요하다고 생각했다.

슐라이퍼와 얀코풀로스는 신약개발에 대해 자주 이야기를 나눴는데, ALS 치료제 임상시험이 실패하고 난 그날도 둘은 이야기를 나누었다. 그날 이야기의 주제는 '과학으로 약을 만들어내는 방법을 아는 누군가에게 도움을 받아야 한다'로 흘러갔다. 그리고 그 누군가가 누구인지는 분명했다. 슐라이퍼와 얀코풀로스의 평소 토론에는 머크가 자주 등장하고는 했다. '과학에 몰두하는 머크', '머크가 어떤 신약을 만들지 결정하는 방식과 임상시험을 이끌어가는 패턴'은 두 사람이 나누던 대화의 주요 주제였다. 그리고 이야기의 끝은 머크를 이끈 CEO, 로이 바젤로스(P. Roy Vagelos, 1929~)로 마무리되고는 했다. 누군가에게 도움을 받아야 한다면, 그 사람은 당연히 바젤로스였다. 슐라이퍼는 얀코풀로스에게 물었다.

'우리가 늘 머크과 바젤로스 이야기를 하는데, 아예 바젤로스를 영입해서 우리를 돕게 하면 어떨까?'

바젤로스를 리제네론으로 데려오겠다는 것은 말도 안 되는 상상이었다. 바젤로스는 당시 제약업계를 상징하는 인물이었다. 1975년 머크 연구소 총 책임자가 된 바젤로스는, 1985년 머크의 CEO가 되어 1994년까지 머크를 이끌었다. 이 20년 동안 머크 '미국에서 가장 인정받는 다국적 제약기업'이 되었다. 지금은 '과학자가 CEO가 되어 제약기업을 이끈다'는 명제가 그리 낯설지 않지만, 사실 이는 최근에 받아들여지기 시작한 명제다. 바젤로스 이전에는 과학자가 산업계로 옮겨 리더십을 발휘한 경우가 극히 드물었다. 바젤로스가 학계를 떠나 업계로 옮긴다는 소식, 즉 머크에 자리를 잡겠다는 이야기를 들었을 때 그의 가장 친한 동료 연구자는 '머크에 가게 되면 칫솔이나 머리빗을 팔게 될 것'이라고 걱정했다고 한다.

그러나 바젤로스는 머크에서 스타틴(STATIN) 개발을 이끌었다. 스타틴은 최초의 고지혈증 치료제이자, '미국의 제약기업'이었던 머크를 '전 세계적인 제약기업'으로 바꿔준 신약이었다. 그는 머크에서 스타틴 의약품인 콜레스테롤 약 조코(ZO-COR®, 성분명: Simvastatin), 고혈압 약인 바소텍(VASOTEC®, 성분명: Enalapril) 등 심혈관계 질환 치료제 개발을 이끄는가 하면 녹내장 치료제 티모프틱(TIMOPTIC®, 성분명: Timolol), 항생제 프리막신(PRIMAXIN®, 성분명: Imipenem/cilastatin) 등의 개발도 이끌었다. 바젤로스의 리더십은 머크를 연매출 36억 달러짜리 기업에서, 연매출 150억 달러짜리 기업으로 바꿨다.

바젤로스를 리제네론으로 데려오자는 생각에 얀코풀로스는 말도 안 된다고 반응했지만, 사실 얀코풀로스에게 바젤로스는 롤모델이었다. 얀코풀로스처럼 바젤로스도 그리스 이민자 가정 출신이었다. 얀코풀로스의 아버지는 아들이 의사가 되기를 바랐지만, 만약 과학자가 되고자 한다면 바젤로스와 같은 사람이 되라고 이야기했다고 한다.

얼토당토 않는 생각이었지만 슐라이퍼는 바젤로스에게 전화를 걸었다. 그런데 예상과는 달리 바젤로스는 가능한 빨리 리제네론 팀을 만나고 싶다고 했다. 얀코풀로스가 급하게 밤을 새워 준비한 프리젠테이션이 바젤로스 앞에서 진행되었다. 시기적으로 운도 좋았다. 머크에는 정년 제도가 있었는데, 바젤로스는 만 65세가 되어 머크를 떠나야 했다. 연구가 하고 싶어 머크로 향했던 바젤로스는 여전히 연구에 마음이 있었다. 그런데 때마침 리제네론에서 연락이 온 것이었다. 바젤로스는 슐라이퍼와 얀코풀로스의 잠재력을 보고, 1995년 리제네론 이사회 의장(chairman)으로 합류한다.

바젤로스가 리제네론에 합류한 것은 제약 업계에 충격을 주었다. 머크를 이끈 전설의 명장이, 괴짜 과학자들이 모여 실패만 이어가고 있는 작은 바이오텍으로 간다고 하자 언론도 들썩였다. '아주 작은 바이오텍(tiny biotech company)', '고군분투하는 바이오텍(struggling biotech firm)'에 합류한다는 뉴스가 보도되었다. 합류 소식이 나온 날 리제네론 주가가 33% 넘게 오르면서 이런 저런 뒷말이 나왔지만 바젤로스의 답변은 간단했다.

'그들의 최근 실패가 아니라, 그들의 과학자적 자질 때문에 함께 하기로 했다.'

바젤로스는 '나는 일평생 과학을 해왔고, 그 일이 여전히 너무 그리우며, 다시 과학에 집중할 수 있는 기회가 생겼다'고 했다. 리제네론의 기초 연구를 이끄는 과학자들은 뛰어나며, 이 가운데는 어떤 과학자들은 전 세계 누구와 비교해도 탁월한 연구를 보여주고 있고, 리제네론은 빠르게 성장하고 있는 분야를 연구하고 있다는 말도 덧붙엿다.

바젤로스가 리제네론에 합류했을 때, 제약업계의 관심은 발기부전 치료제인 비아그라(VIAGRA®, 성분명: Sildenafil)와 그 제네릭처럼 일상생활에서 복용하는 약물에 맞춰져 있었다. 한편 제약업계는 사회적 비판도 한 몸에 받고 있었다. 당시 제약기업들 사이에서는 기존 의약품을 약간 변형하고 약값을 올린다든지, 매출 실적을 올리기 위한 목적으로 약값을 올리는 일들이 흔한 편이었다. 다시 말해 합리적인 가격의 고품질 의약품을 내놓지 못하고 있었다. 여기에 더해 전 세계적 규모의 제약기업이 의료진과 환자를 대상으로 지나치게 많은 마케팅 비용을 쓰고 있었다. 제약기업의 덩치를 생각하면 주주와 기업의 운영을 위한 단기적인 전략이 필요했고, 이것이 마케팅 비용 상승으로 이어졌던 것이다.

바젤로스의 눈에 제약업계의 이런 상황은 심각한 문제였다. 그리고 이 모든 문제를 풀어낼 수 있는 돌파구는 '신약개발'이었고, 리제네론이 가려는 방향과도 같았다. 다만 신약개발의 환경이 바뀌어가고 있었다. 제약 산업이 성숙해지고 과학이 발전하면서, 거대 제약기업 내부의 연구만으로는 신약을 개발하기 어려운 상황이 되었다. 바젤로스는 '더 많은 아웃 소싱', 즉 바이오텍과 함께 신약을 개발하는 시대가 되었다고 보았다. 바젤로스가 바이오텍에서 기회를 본 데는 또 다른 현실적 이유도 있었다. 바이오텍에서는 적극적으로 스톡 옵션을 제공해 뛰어난 과학자를 영입할 수 있다. 이는 혁신적인 신약을 개발할 역량을 갖춘 과학자들에게 매력적으로 보일 것이었다.

바젤로스가 보기에 리제네론은 이런 일들을 해낼 수 있는 곳이었다. 바젤로스는 리제네론에 합류한 다음, 슐라이퍼와 얀코풀로스와 함께 하루에도 몇 시간씩 토론을 이어갔다고 한다. 이 과정에서 바젤로스는 자신의 경험을 리제네론에 심어갔다.

바젤로스는 리제네론에 두 가지를 제안했다. 첫 번째는 임상시험이 끝날 때까지 신약으로 개발할 수 있다는 단서를 찾을 수 없다면, 그 약물에 대한 베팅을 멈출 것. 이는 (비록 슐라이퍼가 신경학 전문의이고, 리제네론의 시작이 퇴행성뇌질환 분야 치료제 개발이었지만) ALS 신약개발 실패에서 빠르게 빠져나오라는 뜻이었다. 두 번째는 사람에게 테스트하는 후기 임상시험 단계를 무시하지 말 것. 연구실에서 좋은 결과를 얻는 것만으로는 충분하지 않다는 것이다. 이는 바이오텍의 과학자들이 빠지기 쉬운 함정이었다. 약은 연구실에서 과학자들이 상황을 통제하면서 실험하는 물건이 아니다. 통제할 수 없는 변수들로 가득 찬 임상 현장에서 의료진과 환자가 생사를 넘나들며 쓰는 물건이다. 그러나 과학자들은 임상 현장을 잘 알지 못하기에, 보통의 바이오텍들에서는 임상시험에 대한 감각을 갖기 어렵다.

사실 바젤로스의 제안은, 그의 명성에 비하면 평범하다 못해 심심하기까지 한 것이었다. 안 될 것을 붙잡고 있지 말고, 임상개발에 좀더 집중하라는 말은 마치 도덕 교과서의 한 구절 같다. 그러나 위대함은 당연한 것을 당연하게, 중요한 것을 중요하게 받아들이고 실천하는 것에서 시작한다. 리제네론은 위대한 일에 도전하기로 한다.

1929년생인 바젤로스는 그리스어를 모국어로 쓰는 이민 가정 출신이었다. 바젤로스의 가족은 미국 뉴저지에 있는 라흐훼이(Rahway)라는 곳에 정착해 작은 식당을 운영했다. 식당 근처에는 머크의 본사와 연구소가 있었고, 식당 손님들 가운데 머크 사람들도 많았다고 한다. 어린 바젤로스는 식당 일을 도우면서 머크의 과학자와 엔지니어들이 나누는 연구 이야기를 들을 기회가 많았다. 바젤로스는 대학에서 어떤 전공을 하면 좋을지에 대해 식당을 찾은 머크 과학자와 엔지니어에게 묻기도 했는데, 돌아온 답은 화학이었다고 한다. 바젤로스는 펜실베이니아 대학에서 화학을 전공하기로 한다.

바젤로스는 다시 컬럼비아 대학 의대로 진학한다. 화학이 의학 공부에 도움이 될 것이라 생각했기 때문이다. 그런데 해부학 수업을 듣다가 깜짝 놀라(?) 의대를 접으려고 했지만 생화학을 배우고, 환자를 만나 치료하면서 의사가 되기로 결심했다고 한다. 그는 심장 내과의가 되어 미국 국립 심장연구소(National Heart Institute)에서 환자를 돌보고 연구를 하며 지냈다. 그는 지방 생합성(fatty acid biosynthesis)을 연구했는데, 워싱턴 대학 의과대학 학과장으로 자리를 옮겨 지방산(fatty acid)과 지질 메커니즘에 대한 연구도 진행했다. 이때 워싱턴 대학 대학원의 커리큘럼을 재구성하면서 의학박사 프로그램(MD-PhD program)을 만들기도 했다.

의사이면서 과학자로 성과와 명성을 쌓아가던 바젤로스는 갑자기 머크로 자리를 옮긴다. 바젤로스는 여전히 연구를 하고 싶었지만, 대학에서 그에게 요구하는 것은 관리자의 역할이었다. 연구를 더 할 수 있다는 생각에 바젤로스는 머크로 간다. 머크로 간다는 것은 꽤 큰 모험이었지만 바젤로스는 자신이 대학에서 했던 연구가 실제 의약품이 될 수 있을 것이라는 가능성을 확인해가고 있었다. 바젤로스에게 손을 내민 것은, 사실 머크 입장에서도 큰 모험이었다. 바젤로스를 포함한 대학 연구자들은 의약품을 개발한 경험이 없었다. 그럼에도 머크는 바젤로스에게 손을 내밀었다. 이후 그는 머크에서 20년 동안 연구 대표(president of research)를 거쳐 CEO, 이사회 의장을 맡았다.

바젤로스가 머크에서 연구를 이끌기 시작한 1975년, 월스트리트의 투자자들 사이에서는 연구소에서 나온 의약품으로는 머크가 성장할 수 없을 것이라는 평이 우세했다. 비즈니스 다각화 전략이 더 우선이라고 본 것이다. 그러나 바젤로스는 R&D 투자 전략을 지킨다.

단 바젤로스는 머크가 연구하는 방식을 바꿨다. 그는 너무 많은 프로젝트에 조금씩 투자하기보다는, 몇 개의 프로젝트에 집중해서 대규모 연구를 진행해야 한다고 보았다. 이는 신약개발이 가진 '정보 집약적인 비즈니스(information-intensive business)'라는 특성 때문이었다. 다양한 종류의 신약개발 라인업을 짜는 이유는, 신약개발의 성공 확률이 낮기 때문에 여러 개를 동시에 진행해 리스크를 관리(risk manage)하기 위함이다. 그러나 신약개발 과정에는 최첨단의 순수과학, 응용과학, 공학, 의학이 융합되기 마련이다. 그리고 이런 여러 종류의 복잡하고 전문적인 정보들을 검토해서 판단해야 한다. 즉 집중력이 필요하며, 집중하려면 신약개발 라인업은 소수여야 한다. 바젤로스는 신약개발은 리스크 관리와 집중력의 확보라는 모순적인 개념 사이에서 균형을 잡는 일이라고 보았다.

바젤로스는 리스크 관리와 집중력 확보 가운데, 머크에 지금 필요한 것은 집중력 확보라고 보았다. 그리고 구체적인 행동으로 옮긴다. 그는 항암 신약개발 프로젝트의 우선순위를 뒤로 미뤘다. 사실상 항암 신약개발 프로젝트를 멈추는 수준이었다. 1971년 미국 공화당의 리처드 닉슨 대통령이 '암과의 전쟁(War on Cancer)'을 선포했다. 앞서 민주당의 존 F. 케네디 대통령이 소련보다 먼저 미국이 달에 인류를 보내겠다는 정책으로 정치적 인기를 얻었던 것을 의식했는지, 닉슨은 미국의 과학기술로 암을 정복하겠다는 발표를 했다. 이에 많은 연구자들과 제약기업들이 항암제 연구에 뛰어들었다.

머크도 이 대열에 포함되어 있었지만, 바젤로스가 보기에 항암 신약을 개발한다는 것은 아직 과학적 근거가 없는 도전이었다. 사람의 유전자 체계와 메커니즘을 아직 정확하게 모르는 상황에서 암처럼 복잡한 질병 치료제를 개발할 수는 없다는 것이었다. 실제로 꽤 많은 연구가 실패했는데, 놀라운 것은 이 가운데 몇 개는 성공 가능성을 보여주었다는 점이다. 머크를 비롯한 대형 제약기업들은 이 몇 개의 성공 가능성을 보고, 닉슨이 벌인 암과의 전쟁에 참전하고 있었다.

바젤로스는 항암 신약개발 프로젝트들을 정리했다. 뿐만 아니라 각 연구 그룹의 프로젝트들도 정리했다. 머크 안의 연구 그룹들 가운데 어떤 연구 그룹은 10개의 프로젝트를 한꺼번에 진행하는 경우도 있었다고 한다. 리스크 관리라고 보기에는 지나치게 방만한 방식이었다. 치료제가 없는 분야, 구체적인 돌파구를 찾을 수 있을 만큼 과학이 발전한 분야, 질병 메커니즘에 대해 충분한 지식과 정보가 확보된 분야가 아닌 프로젝트들은 과감하게 정리했다.

바젤로스는 항암 신약개발을 포함해 지나치게 많았던 프로젝트들을 정리하면서 집중할 분야를 골랐다. 바로 효소 저해제였다. 머크는 미생물, 토양 샘플, 식물 추출물, 실험실에서 만든 화합물들을 잔뜩 쌓아 놓고 무작위로 스크리닝하면서 신약 후보물질을 찾고 있었다.

그러나 이런 방식은 당연히 비효율적이고 비과학적이었다. 바젤로스는 이제 막 알려지기 시작한 효소 저해 메커니즘에 집중했다.

아스피린(ASPRIRIN®, 성분명: Acetylsalicylic acid)은 환자의 열을 내리고 통증을 줄여주는 효과가 있다. 환자의 몸에서는 염증을 일으키고 통증을 뇌로 전달하는 물질인 프로스타글란딘(Prostaglandin)이 생성되는데, 아스피린은 프로스타글란딘을 합성하는 COX 효소의 활성을 저해하는 능력이 있었다. 즉 아스피린은 질병 상황을 일으키는 효소를 저해하는 '효소 저해제'다. 효소가 중요하다는 것은 이미 알려진 사실이었지만, 효소 저해 메커니즘을 타깃하는 약물을 본격적으로 찾기 시작한 것은 바젤로스의 머크가 처음이었다.

머크는 환자에게 비정상적으로 콜레스테롤이 높아지는 현상을 낮추기 위해, 콜레스테롤을 과다하게 생성하는 효소 억제 약물을 찾는 데 집중했다. 바젤로스는 콜레스테롤 생합성 분야가 과학적으로 성숙해지고 있다고 판단했다. 콜레스테롤 생합성 전체 과정에 대한 연구 결과가 나오고 있었고, 콜레스테롤을 조절하는 접근법에 대한 연구가 진행되고 있었기 때문이다. 덕분에 약물로 효소를 억제하는 생화학적인 접근법(biochemical approach)을 시도해볼 수 있었다.

바젤로스는 평생의 동료였던 알프레드 알버트(Alfred Alberts, 1931~2018)와 콜레스테롤 생합성 저하제(reductor)로 신약개발의 방향을 정했다. 타깃은 콜레스테롤 생합성에 관여하는 HMG-CoA 환원효소(HMG-CoA reductase)였다. 알버트는 의학이나 화학 박사학위 없이 실험실 테크니션(lab technician)으로 연구를 시작했는데, 그와 함께 일해본 적이 있었던 바젤로스는 머크에 합류한 알버트에게 HMG-CoA 환원효소 프로젝트 책임자 자리를 맡겼다.

그런데 산쿄(Sankyo, 현재 다이이찌산쿄)의 엔도 아키라(遠藤

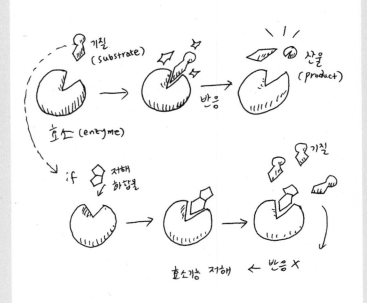

효소(enzyme)는 생물체 안에서 특정 물질을 다른 물질로 바꾸는 반응을
일으킨다. 이 반응의 결과물로 생물은 필요로 하는 물질을 얻을 수 있다. 그러나
이 반응에 문제가 생기면, 필요 없거나 또는 해로운 물질이 만들어질 수 있다. 꽤
많은 질병은 효소의 오작동과 관계가 있다.
바젤로스는 콜레스테롤이 합성되는 과정을 연구했는데, 그 과정의 많은 부분은
효소들이 연쇄적으로 반응을 일으키는 과정이었다. 따라서 이 과정의 어느
한 곳을 타깃하면 고 콜레스테롤 수치를 낮출 수 있다는 것도 알고 있었다.
바젤로스가 보기에 당분간의 신약개발은 효소의 오작동을 막아내는 방법을 찾는
것이어야 했다.

章)가 푸른곰팡이(*Penicillium citrinum*)에서 콜레스테롤을 저해하는 물질을 발견했다. 엔도 아키라의 연구를 바탕으로 산쿄가 약물 개발을 시작했는데, 산쿄 내부에서는 엔도 아키라의 연구를 바탕으로 컴팩틴(Compactin)이라는 물질도 이미 찾아놓은 상태였다. 머크가 한발 뒤처진 상황이었지만 알버트도 HMG-CoA 저해 물질인 로바스타틴(Lovastatin)을 찾았다. 로바스타틴은 동물에서 콜레스테롤을 낮췄고, 머크는 곧바로 임상시험에 들어갔다. 로바스타틴은 사람에게서 나쁜 콜레스테롤인 LDL을 낮췄다.

그런데 산쿄가 갑자기 컴팩틴에 관련된 모든 프로젝트를 멈췄다. 이유를 공개하지 않았지만, 동물시험을 하던 개에서 종양이 발생했기 때문이라는 소문이 돌았다. 단 정확한 것을 알 수는 없었다. 바젤로스도 로바스타틴이 컴팩틴과 같은 HMG-CoA 저해제이기에 비슷한 부작용이 일어날 수 있다고 판단했고 곧바로 임상시험을 멈췄다. 그러나 콜레스테롤이 심혈관계 질환의 주요 위험 요인이라고 판단한 미국 FDA와 미국 국립보건원(NIH)은 콜레스테롤 수치가 높은 심혈관계 질환 고위험군을 대상으로 임상시험을 다시 시작해줄 것을 머크에 부탁했다. 머크는 다시 연구에 들어갔고 로바스타틴이 암을 일으키지 않으며 안전하다는 결론이 나왔다.

1987년 머크는 콜레스테롤을 낮추는 최초의 스타틴 약물인 로바스타틴을 출시했다. 다만 임상 현장의 의료진은 콜레스테롤 저해제가 심혈관계 질환에 효과가 있다는 것을 여전히 의심하고 있었고 처방하지 않는 경우도 많았다. 그러나 머크는 스타틴 계열 신약개발에 힘을 싣는다. 머크는 콜레스테롤을 더 효과적으로 낮추는 두 번째 스타틴 약물인 심바스타틴(Simvastatin)의 대규모 임상시험에 들어간다. 4,400명 규모의 이 임상시험(Scandinavian Simvastatin Survival

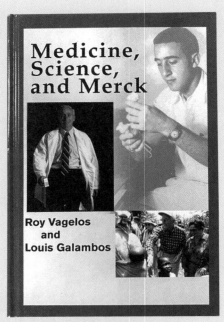

로이 바젤로스가 머크에서 이뤄낸 업적, 그리고
리제네론으로 자리를 옮겨 했던 일들은 제약업계는 물론
의사나 과학자들에게도 인상적인 것이었다. 《의학, 과학,
그리고 머크(Medicine, Science and Merck)》는
바젤로스가 자신의 이야기를 직접 쓴 책이다. 2004년
출간된 이 책에는 이민자 가족의 평범한 소년이 열정이
넘치는 의사이자 연구자, 거대 제약기업을 이끄는
전략가이자 경영자가 되어 가는 이야기가 담겨 있다.

Study, 4S trial)에서 심바스타틴을 복용하고 5.5년이 된 시점에서 고콜레스테롤 환자의 사망률이 30% 줄어든 것을 확인했다. 심장마비 위험을 43%, 뇌졸중 위험을 30% 낮추는 효과도 있었다. 스타틴 혁명의 시작이었다. 1994년 『란셋(*Lancet*)』에 4S trial 연구 결과가 실렸는데, 이 논문은 10,000회 이상 인용되기도 했다.

이렇게 머크는 콜레스테롤을 낮추는 두 가지 스타틴 약물로 메바코(MEVACOR®, 성분명: Lovastatin)와 조코(ZOCOR®, 성분명: Simvastatin)를 개발했다. 효소 저해 물질을 찾는 머크의 방식은 계속되었다. 머크의 고혈압 치료제 바소텍, 전립선 비대증 치료제 프로스카(PROSCAR®, 성분명: Finasteride)도 모두 효소 저해 방식으로 개발한 신약이었다.

바젤로스는 연구자 출신 CEO로만 활약하지 않았다. 그는 경영적인 면에서도 탁월한 모습을 보여주었다. 1970년대 머크 연구팀은 기생충약 개발에 나서, 이버멕틴(Ivermectin)이라는 물질을 찾았다. 기존 구충제 대비 100배의 효과를 지닌 물질이었다. 머크가 이버맥틴을 개발했을 당시 아프리카에서는 회선사상충(*Onchocerca volvulus*) 감염이 문제였다. 피부에 사는 회선사상충은 한 번에 수천 마리를 번식한다. 이렇게 회선사상충이 번식한 녀석들을 미세사상충이라 부르는데, 이 미세사상충이 눈으로 이동해 염증을 일으키면 실명에 이르기도 했다. 1980년대 초 아프리카에서는 회선사상충 감염으로 거의 1,800만 명에 이르는 사람이 실명했다고 보고되었지만 별다른 대책이 없었다.

머크는 회선사상충에 감염된 환자에게 이버맥틴을 복용시켜보았는데, 테스트한 결과 부작용 없이 효과적으로 회선사상충이 사라진 것을 확인했다. 문제는 돈이었다. 환자는 주로 아프리카 저개발국에서 나오는데, 저개발국에서는 약값을 제대로 낼 수 없었다. 이에 바젤로스는 머크의 CEO만 내릴 수 있는 결정을 한다. 이버맥틴을 필요로 하는 모든 사람들에게 무료로 공급하기로 한 것이다. 이후 이버맥틴은 다른 기생충 감염병인 코끼리발 병(elephantitis) 치료에도 효과가 있는 것으로 확인되었다. 1987년 머크가 무료로 이버맥틴을 공급하기로 결정한 이후 매년 3억 명, 모두 44억 명이 혜택을 볼 수 있었다.

머크의 이버맥틴 무료 공급은 대형 제약기업이 펼친 첫 번째 사회공헌 사업이었다. 당시 제약기업은 환자의 생명을 담보로 비싸게 약을 팔아 돈을 벌어 들인다는 부정적인 인상을 주고 있었다. 머크도 예외는 아니었다. 그런데 머크의 이버맥틴 무료 공급은 이런 이미지를 한 번에 뒤집는 효과가 있었다. 물론 『뉴욕 타임즈』와 같은 언론이, 머크는 아프리카에서 발생하고 있는 비극적인 사태를 해결할 수 있는 신약을 개발했지만 소극적으로 대응하고 있다는 비판적인 보도를 내보내고 있었고, 이로 인해 머크에 대한 부정적인 여론이 크게 형성되고 있을 때 바젤로스가 결정을 내린 것이기는 하다. 그럼에도 영리기업이 내리기 어려운 결정이었던 것만큼은 사실이다.

바젤로스의 결정은 밖으로는 기업 이미지를 바꾸고, 안으로는 구성원들의 자긍심을 끌어 올렸다. 아픈 사람에게 돈을 뜯어낼 방법을 찾고 있는 것이 아니라, 환자를 구하는 일에 앞장서고 있다는 메시지는 머크 구성원들에게 활기와 사명감을 불어 넣었다. 바젤로스는 '이러한 분위기 덕분에 우리는 원하는 거의 모든 사람을 고용할 수 있었다'고 말하기도 했다.

제7장

기술을 위한 신약? 신약을 위한 기술!

'바이오텍에 시간, 돈, 노력을
투자할 가장 좋은 시기'를
알 수 있는 방법은 없다.
그런데 바이오텍 입장에서는
오히려 다행이다.
이런 것들에 얽매이지 않고
그저 해야 할 일을
하면 되기 때문이다.

— 레너드 슐라이퍼와 조지 얀코풀로스

계속된 실패

1990년대 말 암젠은 렙틴(leptin)으로 비만 치료제 개발에 도전했지만 실패한다. 지방세포는 에너지를 저장하는 창고 역할 말고는 특별한 일을 하지 않는다고 여겨졌었다. 그런데 지방 세포에서 식욕 억제 호르몬인 렙틴이 분비된다는 것이 밝혀졌다. 비만 상태로 만든 쥐에 렙틴을 주입했더니 음식 섭취가 줄고, 몸무게와 체지방이 줄어든 연구 결과도 발표되었다. 즉 비만 환자에게 렙틴을 투여하면 살을 뺄 수 있을 것이며, 렙틴을 이용한 비만 치료제를 만들 수 있을 것이라는 기대가 생겼다.

그런데 막상 비만 환자에게 렙틴을 투여했더니 몸무게가 줄어드는 효과는 없었다. 일단 환자들 가운데 렙틴이 비만의 원인이 아닌 경우가 많았다. 심지어 지방세포가 많을수록 렙틴도 많은 양이 분비되고 있었다. 문제는 렙틴의 많고 적음이 아니었다. 환자가 렙틴에 반응하는 능력이 떨어지면, 즉 렙틴 저항성(resistance)을 가지면 렙틴이 많이 분비되어도 소용이 없는 것이었다.

한편 리제네론은 CNTF를 연구하다가 액소카인(axokine)을 개발했다. 액소카인은 인간 CNTF 변이체(variant)로, CNTF 염기서열에 인위적으로 변이를 일으킨 유전자 조작 약물이었다. 리제네론은 ALS 임상3상에서 CNTF를 환자에게 투여했을 때 ALS를 치료하는 결과를 확인하지는 못했지만, 임상시험에 참여한 환자들에게 식욕이 떨어지고 몸무게가 줄어드는 현상을 관찰했다. 이후 CNTF가 렙틴 수용체처럼 작동할 수 있다는 연구 결과가 나왔다.

리제네론은 액소카인이 렙틴에 대한 저항성을 회피할 수 있다고 보았다. 리제네론은 액소카인이 비정상적인 렙틴 수용체를 가진 쥐와, 렙틴 저항성을 가진 쥐의 음식 섭취를 줄인 것을 확인했다. 또한 액소카인 투여를 멈춘 이후에도 쥐의 몸무게가 다시 늘지 않았는데, 몸무게를 줄일 때도 근육이 아닌 지방을 줄인다는 점에 주목했다. 리제네론은 이를 바탕으로 액소카인을 비만 치료제로 개발하려고 도전한다.

리제네론은 액소카인에 꽤 진심이었던 것으로 보인다. 1997년 리제네론은 프록터 앤드 갬블(Procter & Gamble, P&G)과 제약 제품 발굴, 개발, 상업화에 대한 광범위한 10년짜리 파트너십을 맺었다. P&G는 5년 동안 최대 1억 3,500만 달러를 지원하며, 리제네론 지분 6,000만 달러어치를 사들이는 내용이었다. 파트너십이 맺어진 지 2달 만에 P&G는 파트너십을 확대했다. 비만과 당뇨병 치료제를 개발하고, 여기에 액소카인을 포함시키는 것으로 계약 내용을 수정한 것이다. 리제네론은 에미스피어 테크놀로지(Emisphere Technologies)와는 먹는 약으로 액소카인을 개발하는 파트너십을 맺고, 넥타 테라퓨틱스(Nektar Therapeutics)와는 효능을 높이고 반감기를 늘리는 개발을 함께 진행했다.

2003년 액소카인 비만 치료제 개발 프로젝트의 첫 대규모 임상3상 결과가 발표되었다. 그러나 효능은 낮았다. 임상시험에 참여한 환자 가운데 2/3에게서 액소카인을 외부 물질로 인지하는 항체가 만들어졌고, 환자의 면역체계가 액소카인을 없애버렸다. 효능이 무력화된 것이었다. 당시 미국 FDA는 비만 치료제 승인에 두 가지 조건을 내걸었다. 위약 대비 5% 이상의 체중 감소 효과를 보이거나, 몸무게가 5% 이상이 줄어든 환자의 수가 위약 투여군보다 많아야 했다. 그러나 리제네론은 이 조건을 맞출 수 없었다. 액소카인 비만 치료제 개발 프로젝트는 당시 리제네론의 파이프라인 가운데 가장 진도가 빠르고 주목을 받던 것이었다. 임상3상 결과 발표로 리제네론 주가는 반토막이 났고, 리제네론은 액소카인을 접어야 했다.

CNTF부터 액소카인까지, 리제네론은 실패를 되풀이한다. 그럴수록 슐라이퍼, 얀코풀로스, 바젤로스는 연구와 임상시험에 대해 긴 토론을 이어갔다. 이 과정에서 세 사람은 공감대를 강하게 형성할 수 있었고, 리제네론의 비전을 유지시킬 수 있었다. 이들의 토론 주제 가운데는 '리스크를 관리할 수 있는 플랫폼의 확보'도 있었다. 특히 얀코풀로스는 신약개발에 나선 대부분의 바이오텍이 '하나의 프로젝트, 하나의 아이디어(one project, one idea)'에 기대는 것에 비판적이었다.

바이오텍은 투자자의 영향에서 자유로울 수 없다. 투자자의 눈으로 봤을 때, 어떤 교수의 연구실에서 시작한 훌륭한 아이디어가 신약개발 프로젝트로 세팅되면, 15년을 기다려도 신약이 될 수 있을지 알기 어렵다. 물론 그 15년을 계속 기다리는 투자자는 없고, 이 시간을 다 쓰지 않는 여러 방법을 찾는다. 미국에서는 바이오텍이 어떤 물질을 찾는 순간, 투자자들이 빠르게 그 물질을 큰 제약기업에 팔 것을 종용한다. 한국에서는 바이오텍이 어느 정도 자리를 잡는 순간, 투자자들은 주식시장에 상장되기를 원한다.

그러나 투자자들이 온전히 버티기 힘들어 하는, 또는 온전히 버티고 싶어 하지 않는 이 시간은 신약개발에서는 어쩔 수 없는 시간이다. 따라서 기다려야 하는 투자자 입장에서는 바이오텍에서 너무 많은 일이 벌어지지(?) 않기를 바라며, 하나의 아이디어 또는 프로젝트에 집중하는 것을 더 나은 전략이라고 보는 것이 자연스럽다. 프로젝트 수가 늘어나면 더 많은 투자가 필요하기 때문이다.

그러나 너무 많은 신약개발 프로젝트를 들고 있는 것도 문제지만, 한 가지 프로젝트에 모든 것을 쏟아붓는 것도 위험하다. 예를 들어 미국에만 5,000여 개의 바이오텍이 신약개발에 매달리고 있다. 이 가운데 전에 없던 메커니즘으로 작동하는 퍼스트 인 클래스(first-in-class) 신약은 10개가 나오기 어렵다. 즉 대부분의 아이디어와 프로젝트는 실패한다. 한 가지 프로젝트에 최소한의 투자로 최대한의 보상을 바라는 마음을 무조건 비판할 수는 없다. 그럼에도 신약개발은 매우 낮은 확률 싸움이고, 한 가지 프로젝트로 달려가는 바이오텍은 위험해진다.

제한된 자원과 낮은 성공 가능성, 그럼에도 적은 수의 신약 개발 프로젝트에 올인(all in)하게 되는 바이오텍의 상황을 극복할 수 있는 방법은 무엇일까? 슐라이퍼, 바젤로스, 얀코풀로스는 이런 상황에서 벗어날 수 있는 유일한 방법이 '과학'이라는 데 공감했다. 바이오텍은 멋진 아이디어와 그 아이디어에서 파생된 프로젝트 하나에 모든 것을 거는 우연적인 신약개발이 아니라, 과학을 바탕으로 확률을 올려가는 논리적인 신약개발이 절실하게 필요한 곳이라는 점이다. 리제네론이 실패를 거듭하고 있는 것은, 이와 같은 논리적이고 과학적인 신약개발 시스템을 아직 갖추고 있지 못하고 있기 때문이라고 결론내렸다. 그리고 이 시스템이 바로 플랫폼이었다. 얀코풀로스는 투자자들에게 어떤 신약개발 프로젝트를 할 것인지 확인하기 위한 시스템 (기술)을 구축하겠다고 했지만, 투자자들 이렇게 되물었다고 한다. '그래서 제품은 어디에 있나요?'

유전학

'가장 중요한 실험실 동물인 마우스 유전체를 가장 잘 다루는 바이오텍이 리더가 될 것이다.'

얀코풀로스는 리제네론의 과학과 논리, 시스템과 플랫폼이 유전학이어야 한다고 생각했다. 얀코폴로스가 리제네론에 합류하기 전인 1995년, 알트 교수와 발표한 논문에서 그는 '언젠가 마우스 유전체를 조작해 특정 인간 항체를 만들고, 또 최적화(optimize)하는 데 이용할 수 있을 것'이라고 전망했다. 그리고 리제네론에 합류한 지 15년이 된 2003년, 얀코폴로스는 『네이처(Nature)』에 「고해상도(high-resolution) 발현 분석이 결합된 마우스 유전체의 고처리(high-throughput) 엔지니어링」이라는 논문을 발표한다.

2000년대 초, 인간 유전체 프로젝트(HGP)가 마무리됨에 따라 사람의 DNA 염기서열 시퀀싱이 완료되었다. 이제 다음 단계는 찾아낸 유전자가 무슨 기능을 가지는지 알아내는 것이었다. 2000년대 초에 이미 사람의 여러 유전자가 알려져 있기는 했지만, 기능을 모르는 경우가 대부분이었다. 연구자들은 사람 유전자를 마음대로 조작할 수는 없으니, 동물 모델의 도움을 받았다. 한편 사람의 DNA 염기서열을 모두 읽어내는 프로젝트인 HGP가 마무리되기 직전, 마우스(mouse)의 전체 DNA 염기서열 정보가 완성되었다. 이에 연구자들은 마우스의 유전자를 조작하는 실험을 시작했다. 질병을 일으킬 것으로 추정되는 유전자 넣어보거나 특정 유전자를 제거해, 쥐에서 무슨 일이 생기는지 관찰하기 시작한 것이다.

연구를 위해서는 마우스의 배아줄기세포(embryonic stem cell, ES cell)에서 유전자를 조작하는 것이 일반적이었다. 배아줄기세포는 결국 나중에 마우스의 모든 기관이 될 것이므로, 배아줄기세포에 사람에게 나타나는 질병과 관계된 유전자 변이를 일으킨다면, 그 마우스는 사람과 비슷한 질병을 앓고 있는 상태가 될 것이다. 그리고 이 마우스를 이용한다면 좀더 효과적이고 효율적인 신약개발을 할 수 있을 것이다.

문제는 배아줄기세포를 이용하는 방식에 1~2년 정도의 시간이 걸린다는 점이었다. 또한 배아줄기세포 유전자 조작이 연구자의 손을 많이 탄다는 문제도 있었다. 숙련도가 높은 연구자와 숙련도가 낮은 연구자의 결과물에 큰 차이가 있었던 것이다. 여기에 더해 유전자 조작 자체의 효율도 낮았다. 조작하려는 유전체를 마우스 유전체 전체 가운데 무작위로 집어넣는 방법 밖에 없었기 때문이다.

그런데 얀코풀로스가 이 문제를 해결할 방법을 연구해 논문으로 낸 것이었다. 마우스 배아줄기세포에 유전자를 집어넣을 때 박테리아 인공 유전체 벡터(bacterial artificial chromosome vector, BACvec)를 사용했는데, 원하는 부위에 높은 효율로 원하는 유전자를 삽입할 수 있었다. 얀코풀로스의 기술의 핵심은 안정적인 벡터, 즉 유전체를 안정적으로 전달하는 전달체였다. 얀코풀로스의 기술을 쓰면 큰 크기의 유전자(최대 300kb)도 전달할 수 있었다.

얀코풀로스의 기술을 사용하면 삽입하는 유전자에 별도의 표지를 달 수도 있었다. 이렇게 하면 어떤 배아줄기세포에서 유

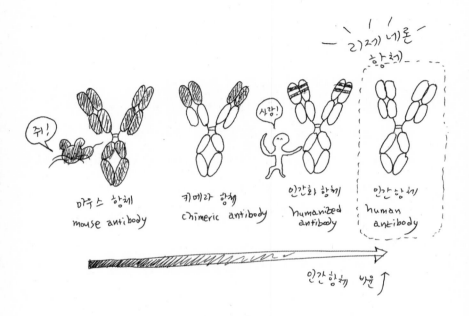

리제네론
항체

쥐!

사람!

마우스 항체
mouse antibody

키메라 항체
chimeric antibody

인간화 항체
humanized
antibody

인간 항체
human
antibody

인간 항체 비율

항체를 약으로 쓰려면, 어딘가에서 항체를 찾아야 한다. 사람을 항체 공장으로 쓸 수 없으니 쥐(마우스)를 항체 공장으로 사용하기로 한다. 그런데 쥐가 만든 항체, 즉 마우스 항체를 사람 몸에 투여하면 사람의 면역 시스템이 가만히 있지 않는다. 자신의 것이 아니면 파괴하는 면역 시스템은 마우스 항체를 없애는데, 이렇게 되면 치료 효과를 내기도 전에 사라진다. 이 과정에서 사람의 면역 시스템이 지나치게 활성화되어 부작용이 일어나면, 마우스 항체를 투여받은 사람이 위험해질 수도 있다. 연구자들은 쥐의 DNA에 사람의 유전체를 섞기 시작한다. 그리고 리제네론은 결국 쥐에서 사람의 항체를 만들어낼 수 있게 되었다.

전자 조작이 원하는 대로 되었는지 빠르게 찾아낼 수 있었다. 또한 보고 유전자(reporter gene)도 함께 매달 수 있었다. 이렇게 하면 마치 염색한 것처럼 세포와 조직에서 직접적으로 유전자 변이가 어떤 변화를 일으키는지 볼 수 있었다. 리제네론은 얀코풀로스의 기술로 유전자 변형 쥐를 효율적으로 만들 수 있었고, 이는 리제네론 플랫폼 개발의 첫 단계였다. 리제네론은 이 기술에 벨로시진(VelociGene®)이라는 이름을 붙여 제품화에 성공한다.

2006년 미국 국립보건원(NIH)은 '녹아웃 마우스 프로젝트(Knockout Mouse Project)'에 리제네론의 벨로시진을 쓰기로 결정했다. 인간 유전체를 모두 읽어내기는 했지만, 여전히 대부분의 유전자가 어떤 기능을 하는지 모르는 상황에서 미국 NIH는 각 유전자의 기능과 사람이 걸리는 질병 사이의 관계를 파악하기 위한 데이터 구축 사업을 기획했다. 물론 사람을 대상으로 직접 할 수는 없는 일이어서 마우스를 이용한 동물 모델 방식이었는데, 이 프로젝트에 벨로시진이 도움이 될 것이라 보았던 것이다. 미국 NIH는 3,500여 개 유전자의 생물학적 기능과 질병과의 연관성을 찾는 프로젝트 수행을 위해 벨로시진 기술에 5년 동안 최소 1,740만 달러를 지원하기로 했다.

리제네론은 벨로시진에 이어 벨로스이뮨(VelocImmune®)도 개발했다. 신약개발 연구실에서는 특정 타깃에 결합하는 항체를 마우스에서 먼저 찾는 것이 일반적이다. 이렇게 찾은 항체는 다시 인간화(humanized) 과정을 거친다. 마우스에서 유래한 항체를 사람에게 그대로 투여하면, 환자의 면역 시스템에서 이를 없애는 면역 반응이 일어난다. 이렇게 되면 치료 효능이 떨어지거나, 부작용으로 환자가 위험해질 수 있기 때문이다.

따라서 마우스에서 유래한 항체에서 타깃과 결합하는 부위가 아닌 다른 곳을, 사람의 것으로 바꾸는 인간화 과정을 거쳐야 한다. 이를 위해 마우스 항체와 항원이 결합하는 부위를, 인간 항체에 이식하는 과정(CDR grafting)을 거친다. 다만 이 작업은 수개월이 걸린다. 또한 인간화 항체에는 마우스의 원래 염기서열이 5~10% 정도만 남게 되는데 여전히 변수가 있다. 사람에게 투여하는 임상시험 단계에 들어가기까지 예상치 못한 면역원성이 나오는 상황을 완전히 배제할 수 없기 때문이다.

벨로스이뮨은 인간화 항체가 아니라 '아예 인간 항체를 이용할 수는 없을까?'라는 질문에서 시작되었다. 벨로스이뮨은 '인간 항체를 만들어내는 마우스'다. 항체는 외부로부터 몸을 방어하는 면역시스템의 한 부분이다. 항체는 B세포에서 만들어지는데, 마우스 인간항체(fully-human antibody)라고 불리는 벨로스이뮨의 핵심은 '인간화 B세포 면역시스템'을 탑재한 마우스를 만드는 것이다.

먼저 벨로시진을 이용해 마우스에 인간 유전자를 삽입한다. 마우스에서 항체 유전자를 포함하는 DNA 일부를 600만 쌍의 인간 DNA로 바꾼 것이다. 이렇게 바꾼 600만 쌍의 인간

DNA 덕분에, 마우스는 인간 유전자 서열로만 이루어진 항체를 만들어낼 수 있었다. 그리고 마우스가 만든 인간 항체가 환자의 몸에 투여되면 면역원성을 나타낼 확률이 줄어든다.

벨로스이뮨으로 만드는 항체는 이름부터가 다르다. 예를 들어 마우스의 염기서열이 5~10% 남아 있는 인간화 항체는 '주맙(-zumab)'으로 끝나지만, 벨로스이뮨와 같은 인간 항체는 우맙(-umab)으로 끝난다. 표적항암제로 유명한 허셉틴(HER-CEPTIN®)의 성분인 트라스투주맙(Trastuzumab)은 인간화 항체이고, 자가면역질환 치료제로 유명한 휴미라(HUMIRA®)의 성분인 아달리무맙(Adalimumab)은 인간 항체다. (참고로 마우스의 염기 서열이 10% 이상 남아 있는 키메릭 항체는 ximab으로 끝난다.)

리제네론은 멈추지 않았다. 마우스에 유전자를 삽입해 인간 항체를 만들어도, 그 양이 0.1mg/kg이 채 안 된다. 양이 너무 적었고, 연구에 쓰기에도 부족했다. 이런 현상을 두고 마우스에 이식한 인간 유전자에서 항체 발현을 높이는 데 핵심적인 DNA 조절 부위 중 일부가 빠졌기 때문이라는 분석이 나왔다. 또한 마우스 항체에 있는 불변 부위(Fc)가 인간 Fc로 바뀌면서, 마우스의 다른 면역 시스템과 충돌하는 문제가 생기기 때문이라는 의견도 나왔다.

리제네론은 마우스 유전체에 거대한 규모의 인간 DNA를 넣는 기술을 개발한다. 아예 DNA를 조절하는 유전자까지 통합하는 기술까지 개발한다. 리제네론은 항원에 결합하는 가변 부위(Fab) 유전자만 인간 항체로 바꾸고, 마우스 고유의 면역 시스템과 충돌할 수 있는 불변 부위(Fc)는 바꾸지 않았다. 2000년대 중반 리제네론은 마우스에서 만들어지는 인간 항체의 양을, 정상 마우스가 만들어내는 항체의 양과 동일한 수준(~2.8mg/ml)까지 끌어올렸다.

그러나 단순하고 직관적인 논리적 구조를 가지고 있는 벨로스이뮨이었지만 최적화되기까지는 20여 년이 걸렸다. 마침내 리제네론은 벨로스이뮨으로 신약 후보물질을 개발하는 파트너십 계약을 맺는 데까지 성공한다. 라이선스 거래와 파트너십을 합쳐 모두 50억 달러 규모였는데, 얀코풀로스는 '역사상 가장 가치 있는 마우스(Most valuable mouse ever created)'라고도 말했다. 그리고 이는 리제네론을 플랫폼 바이오텍으로 알리게 된 결정적인 계기가 되었다.

그럼에도
기술은 기술일 뿐

신약개발에서는 병목 현상(bottleneck)을 극복해야 한다. 많은 과학적인 가설들이 연구실에서 입증되고 재현되지만, 대부분 신약으로 이어지지 못한다. 이는 연구실과 임상 사이에 있는 '상용화'라는 병목을 지나지 못하기 때문이다.

바이오텍도 병목을 지날 수 있는 방법을 찾아야 한다. 연구실에서 직접 다룬 과학을 가지고 있지만, 제약기업이기에 의약품 상용화 기술과 임상시험을 알고 있어야 한다. 따라서 연구실에서 출발한 바이오텍이 '기술에 집중하는 태도'를 갖추는 것은 중요하다. 정확한 과학 한 가지를 가지고, 이를 구현할 수 있는 기술개발에 매달려 병목을 통과할 수 있게 되면, 진정한 의미에서 신약을 개발할 수 있다는 것. 리제네론은 신약을 개발할 때 제일 중요한 것 가운데 하나가 병목 현상을 극복하는 것이라고 보았다.

리네제론은 신약개발에서 병목을 돌파하는 여러 가지 기술을 개발했지만 아직 중요한 것이 남았다. 개발한 기술과 기술을 서로 연결하는 문제다. 물론 신약개발을 위한 기술로의 연결이었다. 얀코폴로스에 따르면 4단계에 걸쳐 기술을 연결해야 하며, 이는 모두 유전학을 바탕으로 이루어진다.

기술 연결의 첫 단계는 '엑스맨(X-Men)'을 찾는 것이다. 질병을 '비정상 상태'라고 정의하면, 치료제는 '정상 상태로 돌리는 물질'이라고 정의할 수 있을 것이다. 그런데 정상 상태와 비정상 상태는, 마치 항아리에 물이 가득 채워져 있느냐 그렇지 못하느냐의 문제만은 아니다. 즉 물이 넘치면 퍼내고 부족하면 채워 넣는 식으로 치료되지 않는 질병이 많다. 오히려 질병은 양팔 저울의 한 쪽이 내려가 있는 것과 같은 경우가 많다. 따라서 균형이 깨져 한쪽이 내려가면, 반대쪽에 무거운 것을 올려 균형을 잡아주는 방식으로 질병을 치료해야 한다.

예를 들어 근육이 비정상적으로 약해지는 병을 치료하려면 근육이 약해지는 원인을 타깃하지 말고, 근육을 비정상적으로 발달시키는 약을 처방해 균형을 잡을 수 있을 것이다. 아주 드문 경우지만 어릴 때부터 특별히 운동을 하지 않았는데도 유독 근육이 발달하는 사람들이 있다. 이 사람들에게는 근육을 발달시키는 특별한 유전자 변이가 있을 것이다. 따라서 근육이 비정상적으로 약해지는 질병을 가진 환자에게, 근육이 유독 발달한 사람에게 있는 유전자 변이를 일으켜주거나, 변이 유전자가 발현한 변이 단백질을 보충해주면 질병이 치료될 수 있지 않을까? 특정 사람에게서만 두드러지는 표현형을 만드는 유전자를 찾거나 유전자가 발현하는 단백질을 찾으면, 치료제를 개발할 수 있을 것이다.

리제네론은, 통증을 느끼지 못하거나, 심장이 유독 튼튼하거나, 어떤 식으로든 특별히 강력한 사람, 즉 영화 〈엑스맨〉에 나오는 초능력자와 같은 사람들을 찾고 이들의 유전자 변이를 분석해 특정 질환에 걸리는 것을 보호하거나(protective), 오히려 질병에 더 취약해지는(susceptibility) 인자를 찾는 것부터 시작했다.

두 번째 단계는 이렇게 찾아낸 변이 유전자를 동물 모델에서 실험해보는 것이다. 리제네론은 벨로시진 기술로 변형된 줄기세포(modified stem cell)를 매우 초기 단계의 마우스 배아에 주입했다. 그리고 변형된 유전자를 갖는 마우스를 번식시켜 안정적으로 질병 모델을 구축하는 벨로시마우스(VelociMouse®) 기술을 개발했다. 벨로시마우스 기술은 신약개발 기간을 줄이는 데 역할을 할 수 있었다. 기존 방식이라면 마우스 번식을 반복해가며 몇 세대를 거쳐야 원하는 동물 모델을 얻을 수 있었고, 짧게는 몇 개월에서 길게는 수년까지 걸렸다. 그러나 벨로시마우스 방식은 이 기간을 6~8주 수준으로 줄여주었다.

근감소증(sarcopenia)은 노화에 따라 근육량과 근력이 점차 약해지는 질병이다. 넓게 보면 노화에 따른 근위축(muscle atrophy)으로도 분류된다. 대표적인 증상으로 근육이 약해지고 골다공증이 생기며, 낙상했을 때 골절의 위험이 커진다. 심장 근육도 약해지기에 심장대사질환이 함께 일어날 수 있다. 근감소증은 2016년부터 질환으로 인정이 되었지만, 2024년 현재 진단 기준을 논의 중에 있다. 비슷한 메커니즘을 가진 것으로 여겨지는 산발적 봉입체근염(sporadic inclusion body myositis, sIBM)이라는 질환도 있다. 중년 남성에서 주로 발병하는 염증성 근육 병증으로 추정하며, 스테로이드나 항염증제에도 잘 반응하지 않아 마땅한 치료제는 없다. 근감소증은 나이가 들어가면서 자연스럽게 나타나는 현상으로 볼 수도 있지만, 유전자와 관계된 질병으로 접근하면 이야기가 달라질 수도 있다.

MSTN 유전자는 마이오스타틴(myostatin) 단백질로 발현되는데, 마이오스타틴은 근육 성장을 억제한다. 그런데 태어날 때부터 마이오스타틴을 불활성화시키는 유전자 변이를 가진 사

① 엑스맨 (X-men)을 찾아라

특정 질환에 강하거나 or 약해지는
"유전자 X" 변이

② 유전자 조작 쥐 오엘

유전자 X 변이 삽입
VelociGene®

③ ㈜에서 인간 항체 제작

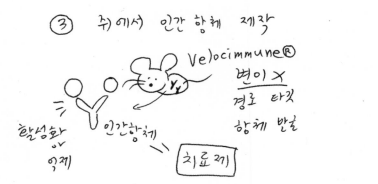

Velocimmune®
변이 X
경로 타깃
항체 반응

합성화 or 억제

인간항체

치료제

④ 인간 유전체 분석

RGC

강한
인사이트!

유전자
변이 + 표현형

영화 속 엑스맨들(X-Men)은 지구의 평화를 지키지만, 리제네론은 환자를 지킬 엑스맨을 찾는다. 근육이 약해지는 병을 앓는 환자는 어느 순간 심장을 담당하는 근육, 호흡과 관계된 근육이 멈춰 사망할 수 있다. 그렇다면 근육이 특별히 강력한 유전자를 가진 사람이 만들어내는 무엇인가를 환자에게 투여하면 질병을 고칠 수 있지 않을까?

태어날 때부터 근육이 풍부한 사람의 유전자를 분석해 근육질 유전자를 특정하고, 이 유전자를 쥐에게 투여해 효과를 확인한 다음, 근육을 강화시키는 유전자가 만들어내는 인자를 인간화된 쥐에서 생산하고, 이를 치료제로 개발하는 전체 과정을 리제네론은 내부에 모두 갖추었다.

람들이 있다. 이 사람들은 특별히 운동을 하지 않아도 근육이 발달한다. 심지어 어린 시절에 이미 운동 선수나 보디빌더와 같은 체형을 갖기도 해 정말 엑스맨처럼 보인다. 이런 현상을 본 리네제론은 벨로시진으로 MSTN 유전자를 없앤(knock-out, KO) 쥐를 만들었다. 이렇게 만들어진 쥐는 근육이 비대해졌다. 나아가 MSTN 유전자를 없앤 쥐는 지방량이 줄어들었고, 인슐린 민감성이 높아졌으며, 비만에 저항성을 가졌다.

세 번째 단계에는 벨로스이뮨으로 치료 항체를 만든다. 마이오스타틴 경로를 저해할 수 있는 인간 항체를 찾는 것이다. 리제네론은 마이오스타틴을 강력하게 억제하는 인간 항체 트레보그루맙(Trevogrumab, REGN1033)을 찾았다. 트레보그루맙을 마우스에 투여하자 근섬유가 커지고, 근육량과 힘이 늘어났으며, 근육 손실 및 근위축도 줄어들었다. 노령의 마우스에서도 트레보그루맙은 근육량과 근력을 늘리고, 운동 능력을 높였다. 이 결과를 바탕으로 리제네론은 근감소증 환자 250여 명에게 트레보그루맙을 투여하는 임상2상을 진행했다(NCT01963598).

마지막 단계는 특정 질환을 치료하는 특정 신약을 개발하는 것을 넘어, 이와 같은 유전자 데이터들을 종합해서 분석하고 치료제 개발 타깃을 발굴하는 것이다. 리제네론은 처음부터 스스로 유전학 바이오텍임을 강조해왔다. 그리고 질병과 관련된 유전자를 찾아내면 마우스에서 인간의 질병을 재현한 모델을 만들었다. 그러나 여전히 인간 유전학 자체는 비어 있는 영역이었다. 리제네론은 인간 유전체까지 범위를 확장하기로 한다.

2014년 리제네론은 인간 유전체 시퀀싱 빅데이터 연구 센터인 RGC(Regeneron Genetic Center)를 설립했다. 리제네론이 만든 RGC는 독립적인 자회사로, 작은 바이오텍 스타트업처럼 운영된다. 2014년 당시만 해도 사람 1명의 유전체 시퀀싱 비용은 수천 달러 수준이었다. 따라서 유전체 시퀀싱을 하는 바이오텍은 수익 목적으로 만들어지는 경우가 많았다.

그러나 리제네론의 접근 방식은 달랐다. 가장 효율적인 시퀀싱 역량을 갖추고, 시퀀싱을 원가에 제공해, 약물 발굴을 위한 대규모 데이터베이스를 구축하는 것이 목표였다. 그리고 이 데이터는 리제네론의 신약개발 과정에 활용된다. 그럼에도 RGC의 컨셉은 공공 연구기관이 내걸 법한 목표를 건 것이었다.

리제네론은 DNA의 1~2%에 해당하는 단백질 조합을 암호화하는 엑솜(exome) 부분부터 시퀀싱하기 시작했다. 이렇게 시퀀싱 비용을 사람당 1,000달러 밑으로 내렸다. 처음부터 리제네론은 인간 유전체 시퀀싱 빅데이터 그 자체로 돈을 버는 것이 목적이 아니었다. 여기서 얻은 데이터를 가지고 신약을 개발하는 데 쓰겠다는 것이었고, 리제네론이라는 플랫폼 바이오텍 안에 다시 플랫폼 바이오텍(RGC)을 만든 것이었다.

리제네론은 '시퀀싱 정보를 다른 데이터와 연결해야만 가치가 있다'고 보았다. 이를 위해 시퀀싱 정보와 전자건강기록(electronic health record, EHR) 정보를 연결해야만 했다. 리제네론은 의료 서비스 제공업체인 가이싱어 헬스시스템(Geisinger Health System)과 협력하기로 한다. 가이싱어는 1996년부터 컴퓨터 기반의 의무기록시스템인 EHR을 도입해, 300만 명에게 의료 서비스를 제공하는 기업이었다. 두 기업은 파트너십을 맺고 5년 동안 10만 명의 익명 데이터를 구축하기로 한다.

리제네론과 비슷한 생각을 한 곳은 여럿이었다. 암젠과 같은 전 세계적 규모의 제약기업은 물론 미국, 영국, 사우디아라비아의 공공 연구기관도 비슷한 성격의 프로젝트를 시작했다. 그러나 2024년 기준으로 리제네론이 가장 앞서 있다고 평가된다. 2020년 리제네론은 100만 명의 엑솜 데이터를 시퀀싱했는데, 100만이라는 숫자는 리제네론이 전 세계에서 처음으로 찍은 숫자다.

2024년 현재까지 리제네론은 23개국 130여 개 기관과 파트너십을 맺었으며, 230만 개의 엑솜 시퀀싱을 진행했고, 50만 명 이상의 시퀀싱 정보를 구축했다. RGC가 찾은 신규 유전자 타깃은 20개, 질병 예방 유전자는 50개, 임상개발 단계로 넘어간 타깃은 심장 질환에서 ANGPTL3, 만성 간질환에서 HSD17B13, 비만에서 GPR75 등 6개다. 리제네론은 이 타깃을 가지고 유전자 치료제 방식의 신약을 개발하고 있다. 정부 출연 연구소가 할 법한 일을 개별 바이오텍이 하고 있는 셈이다.

트레보그루맙, 가레토스맙 그리고 비만

골화섬유형성이상(Fibrodysplasia ossificans progressive, FOP)은 근육이나 힘줄이 뼈로 바뀌어가는 희귀질환이다. FOP 환자는 갓난 아기 때부터 멍울이 잡히는 등의 증상이 나타지만, 증상이 심하지 않아 이 시기에 진단받기는 어렵다. 10세 전후부터 외부 충격이나 특별한 질병이 없는데도 목, 등, 팔, 다리 등이 붓고 아프며, 관절을 움직이지 못하는 증상이 나타난다. 부종이 가라앉으며 그 부위에 뼈 조직이 형성되는데, 뼈 조직이 생기는 바람에 운동 범위가 줄어들거나 아예 움직일 수 없게 된다. 대부분의 환자는 30세가 되기 전에 전혀 움직일 수 없게 되면서 특정 자세에 갇혀버린다. 질병 진행을 멈출 수 있는 치료제는 없으며, 통증 완화를 위한 진통제를 처방하는 수준이다. 전세계적으로 FOP로 진단받는 환자는 800여 명이며, 여전히 많은 환자들이 진단받지 못하고 있거나 잘못된 병명으로 진단받고 있다고 추정된다.

2006년 『네이처 제네틱스(*Nature Genetics*)』에 펜실베이니아 대학 프레더릭 카플란(Frederick Kaplan) 교수 연구팀은 FOP 환자의 유전자를 분석한 논문을 실었다. 분석 결과 FOP 환자에게는 액티빈 수용체 1 유전자(activin receptor-like kinase-2, ALK2)에 변이가 있었다. 유전자 변이로 206번째 아미노산 아르지닌(arginine)이 히스타딘(histidine)으로 바뀌면서(R206H) 뼈가 만들어지는 신호를 활성화하는 '새로운 기능이 추가되며(gain-of-function)' 문제를 일으킨 것이었다. 나중에는 FOP를 일으키는 ACVR1 유전자 변이가 추가로 발견되었는데, 거의 대부분 환자는 R206 변이로 FOP에 걸린다는 것도

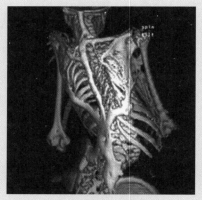

골화섬유형성이상(FOP) 환자에게서는 근육이나
힘줄이 뼈로 바뀌는 일이 벌어진다. 움직임을
담당하는 근육과 힘줄이 단단한 뼈로 바뀌기
때문에 환자는 특정한 자세를 취한 채 굳어버리게
되는데, 이를 두고 '특정한 자세에 갇힌다'고
말하기도 한다. 리제네론의 신약개발 프로토콜은
FOP 치료제 개발에도 사용되고 있다. 2024년
현재 임상3상이 진행되고 있으며, 2026년에는
임상개발을 완료하는 것을 목표로 하고 있다.
리제네론은 이번에도 신약개발에 성공해, FOP
환자들을 가두어놓은 자세에서 해방시켜줄 수
있을까?

밝혀졌다.

리제네론은 1990년대부터 캘리포니아 대학 리차드 할랜드(Richard Harland) 교수 연구팀, 프레더릭 카플란 교수 연구팀과 함께 FOP를 일으키는 이소성 골화(heterotopic ossification) 메커니즘에 대해 연구해왔다. 리제네론은 마우스에 FOP 환자에게서 보이는 유전자 변이를 넣었다(KI). 이때 벨로시진 기술을 이용했다. 2~4주 정도 지나자 마우스에서 뼈가 비정상적으로 형성되는 것이 관찰되기 시작했는데, 원래 있는 뼈 사이에 새로운 뼈가 자라나서 붙어버리는 이소성 골화 현상이었다. 그리고 유전자 변이로 인해 뼈를 만드는 액티빈 수용체가 새로운 리간드 액티빈A(activin A)에 결합하는 것이 문제라는 것도 알아냈다. 액티빈A는 다른 수용체를 통해 염증 작용을 매개하지만, 원래는 뼈 형성에는 관여하지 않는다. 리제네론은 다음 단계로 벨로스이뮨을 활용해 쥐에서 액티빈A를 저해하는 인간 항체인 가레토스맙(Garetosmab, REGN2477)을 찾았다. 그리고 FOP 마우스 모델에서 비정상적인 뼈 형성을 완전히 차단하는 것을 확인했다.

2016년 리제네론은 건강한 피험자를 대상으로 가레토스맙의 임상1상을 시작했다. 그리고 근육이 과다하게 발달하는 엑스맨에게서 찾은 트레보그루맙(Trevogrumab, REGN1033)과 병용투여했을 때 안전성도 함께 테스트했다. 트레보그루맙은 근육의 성장을 저해하는 마이오스타틴과 액티빈 수용체의 상호작용을 막는데, 동물에서 트레보그루맙과 가레토스맙을 같이 처리하자 근 성장을 촉진했다. 2020년에는 FOP 환자 44명을 대상으로 가레토스맙을 28주 동안 투여해 테스트한 임상2상 결과를 발표했다. 가레토스맙은 FOP 환자에게서 새로운 뼈 병변(bone lesion)이 생기는 것을 90% 가까이 억제했으며, 총 뼈 병변(이전에 있던 것과 새로 생긴 것)이 25% 줄어들었다. 리제네론은 FOP 환자 63명을 대상으로 가레토스맙을 테스트하는 임상3상을 진행하고 있으며, 2026년 임상개발이 완료될 예정이다(NCT05394116).

한편 2024년 리제네론은 비만 임상2상을 시작한다. GLP-1 인크레틴(incretin) 약물이 비만 환자의 몸무게를 10% 이상 줄인다는 것이 확인되면서, 2020년대 초부터 GLP-1 비만 약물 개발 붐이 일어났다. 그러나 체중이 줄면서 근육도 함께 줄어드는 문제가 발생했다. 줄어든 몸무게의 40%는 근육이 빠진 것이었다. 리제네론은 비만 환자 642명을 대상으로 노보노디스크(Novo Nordisk)의 GLP-1 약물 위고비(WEGOVY®, 성분명: Semaglutide)와 트레보그루맙, 또는 위고비, 트레보그루맙, 가레토스맙을 병용투여하는 임상2상을 시작했다. 줄어든 근육을 트레보그루맙과 가레토스맙으로 되살리는 컨셉이다. 이 임상시험 결과는 2026년에 나올 예정이다(NCT06299098).

트랩

2003년 리제네론이 벨로시이뮨 기술을 발표한 후 임상개발에 사용하면서 실제 치료제가 나오기까지는 10년이 넘게 걸렸다. 그러나 그 사이에 리제네론에서는 다른 메커니즘 기반 신약도 개발되고 있었다. 트랩(Trap) 방식의 약물이었다.

1990년대 리제네론은 세포 표면에 발현하는 '이미 알려진' 수용체에 결합하는 '아직 알려지지 않은' 신경영양인자를 찾는 데 주력했다. 문제는 성장인자에 결합하는 수용체를 찾는 것은 쉬웠으나 정작 결합할 성장인자, 즉 리간드(ligand)를 찾기가 어려웠다. 혈액에는 성장인자를 포함해 수많은 인자들이 떠다 닌다. 이 수많은 인자들은 서로 다른 농도로, 특정 조건에서만 존재하는데, 하나의 수용체에 여러 개의 리간드가 결합하기도 한다. 덕분에 신약개발로 이어질 수 있는 리간드를 찾기란 쉽지 않았다.

그러나 리제네론은 새로운 단서를 잡는다. 얀코풀로스가 리제네론 연구실에 처음으로 고용한 연구자는 생물학에 관심 이 많은 물리학자였다. 그는 특정 수용체를 이용해 특정 성장인 자를 찾는 방법을 고안했다. 치료제 개발에 필요한 성장인자나 사이토카인을 찾아야 하는데 찾기 어려우니, 해당 성장인자나 사이토카인에 결합하는 가짜 수용체를 만든다. 이 가짜 수용체 가 찾으려 하는 성장인자나 사이토카인에 결합하면 좀더 쉽게 성장인자나 사이토카인을 찾을 수 있을 것이었다.

그런데 이 방법을 이용하면 특정 리간드가 수용체에 결합해 병리적인 반응을 보이지 않도록, 리간드에 먼저 결합하는 가짜 수용체를 환자에게 투여해 치료 효과를 나타낼 수 있을 것 같았다. 리제네론은 성장인자와 세포끼리 주고받는 신호분자인 사이토카인을 찾는 것까지 범위를 넓혔다. 예를 들어 성장인자나 사이토카인으로 질병이 발생했다면, 수용체가 성장인자나 사이토카인을 붙잡아 질병 작용을 저해하는 저해제가 될 수 있기 때문이었다.

이는 타깃을 잡는 수용체(decoy receptor, 가짜 수용체)가 덫이 되어 질병을 일으키는 짐승을 사냥하는 것처럼 보였다. 리제네론은 이 기술을 트랩(Trap)이라고 부르기로 했다.

리제네론은 1996년부터 트랩 기술을 개발하기 시작했다. 2000년대 초, 리제네론은 액소카인을 비만 치료제로 개발하는 일에 몰두하는 것처럼 보였지만, 안에서는 트랩 연구와 관련된 비임상시험 프로젝트도 진행되고 있었다. 크리오피린 연관 주기 증후군(cryopyrin-associated periodic syndrome, CAPS)은 희귀 자가면역질환이다. CAPS 환자의 NLRP3 유전자에서 변이가 발견되는데, NLRP3 유전자는 크라이오피린 단백질을 발현한다. 크라이오피린은 면역 시스템의 구성원인 인터루킨-1(interleukin-1, IL-1)의 신호전달을 활성화시키는 주요 인자다. NLRP3 유전자에 변이가 있는 환자는 비정상적으로 IL-1이

활성화된다.

정상적인 경우 몸에 외부 침입(항원)이 발생하면 대식세포와 같은 면역 시스템이 이를 감지하고 IL-1을 내뿜는다. IL-1은 리간드가 되어 면역세포 수용체에 결합하는데, 이렇게 되면 면역세포가 활성되면서 면역반응이 일어난다. 그리고 활성화된 면역세포가 외부 침입자를 공격하는 염증반응이 환자에게 일어난다. 문제는 CAPS 환자의 경우 외부 침입이 없어도 NLRP3 유전자 변이 때문에 IL-1이 지나치게 활성화되면서 온몸에 염증반응이 일어난다는 점이다. 환자에게는 주기적으로 반복적인 발열, 발진, 관절통, 두통, 뇌수막염, 결막염, 청력 상실 등 증상이 나타난다. CAPS는 희귀한 질병으로 미국을 기준으로 하면 환자의 수가 수백 명, 한국은 수십 명 정도인 것으로 알려져 있다.

2008년, 리제제론은 설립한 지 20년 만에 첫 신약인 CAPS 치료제 알칼리스트(ARCALYST®, 성분명: Rilonacept)를 내놓는다. CAPS 환자에게 투여된 알칼리스트는 IL-1에 결합하는데, IL-1이 면역세포에 결합하지 못하도록 트랩으로 잡아버리는 것이다. 리제네론은 좀더 강력하게 증상을 억제할 수 있게, IL-1R을 이루는 두 가지 다른 하위 수용체를 잡을 수 있게 트랩을 디자인했다.

알칼리스트는 2021년 미국 FDA가 승인한 최초의 재발성 심낭염(recurrent pericarditis) 치료제가 되기도 했다. 재발성 심낭염은 미국 기준 연간 40,000명 정도가 새로 진단을 받는 질병이다. 그런데 알칼리스트는 환자 수가 상대적으로 많은 재발성 심낭염 치료제가 아닌, 수백 명의 환자를 대상으로 하는 CAPS 치료제를 개발하려고 시작한 일이었다. 상업적인 마인드가 있는 행동인가 하는 의심을 받기에 충분한 행동이었다.

그러나 이런 행동은 바이오텍이 할 수 있는, 가장 확실한 상업적 의사결정일 수도 있다. 유전학을 바탕으로, 트랩과 같은 새로운 컨셉도 실현할 수 있다는 자신들의 능력을, 가장 정확하고 선명하게 입증해낼 수 있는 분야로는 희귀 유전병 신약개발이 가장 적당할 것이기 때문이다. 알칼리스트는 CAPS 환자의 증상을 80~90%까지 감소시켰다. 물론 알칼리스트가 상업적으로 성공한 것은 아니었다. 다만 리제네론은 알칼리스트로 유전학적 접근법에 따른 신약개발이 올바른 방법이라는 자신감을 얻을 수 있었다. 얀코풀로스는 알칼리스트 치료를 받은 CAPS 환자를 만나고 돌아와서는 '우리가 5센트도 벌지 못했다고 하더라도, 그 어떤 일보다 만족스럽다'고 말하기도 했다.

리제네론이 2011년 미국 FDA 시판허가를 받은 황반변성 치료제인 아일리아, 2012년 전이성 대장암 치료제로 시판허가를 받은 잘트랩(ZALTRAP®, 성분명: Aflibercept) 모두 혈관내피세포 성장인자(vascular endothelial growth factor, VEGF)를 트랩 방식으로 억제해 질병을 치료하는 컨셉이다. 알칼리스트에서 얻은 약물 디자인은 VEGF 트랩에도 똑같이 적용된다.

VEGF

2003년 리제네론은 프랑스의 제약기업 아벤티스(Aventis)와 VEGF 트랩을 종양, 안과 질환을 포함한 다른 적응증에서 공동 개발하고 상용화하는 총 5억 1,000만 달러 규모의 계약을 맺었다. 아벤티스가 리제네론에 지급한 계약금은 8,000만 달러 규모였고, 4,500만 달러의 지분 투자도 함께 진행했다. 초기 임상개발 마일스톤 2,500만 달러와, 유럽과 미국에서 최대 8개의 적응증에 대한 마일스톤 규모는 최대 3억 6,000만 달러였다. 리제네론은 나중에 수익이 생기면 아벤티스에 개발 비용의 50%를 돌려준다는 조건도 포함시켰다. 약물에 대한 권리를 확보하면서, 이자 없이 연구비를 확보하는 방식이었다.

아벤티스와 리제네론이 계약을 맺었던 즈음, 제넨텍은 VEGF를 타깃으로 하는 항암 신약에서 이미 성과를 내고 있었다. 2003년 미국 임상종양학회(ASCO)에서 제넨텍은 화학항암제와 VEGF를 억제하는 항체를 병용투여하는 대장암 1차 치료제의 임상3상 결과를 발표했다. VEGF는 혈관 생성을 유도하는 물질이다. 혈액 속에 있던 VEGF가 혈관 세포에 있는 VEGF 수용체(VEGFR)를 만나면 혈관내피세포가 증식하면서 새로운 혈관이 만들어진다. 따라서 VEGF는 새로운 혈관이 필요한 배아 발달 과정, 정상적인 조직 성장, 훼손된 조직 회복에 중요하다.

VEGF와 VEGFR의 결합으로 혈관이 생기면 세포에 산소와 영양분을 공급할 수 있는 길이 열린다. 그런데 종양을 이루고 있는 암세포도 산소와 영양분을 공급받기 위한 혈관이 필요하다. 이런 이유로 암세포는 VEGF를 분비해 자신에게 필요한 새 혈관을 만든다. 따라서 암 환자의 VEGF 기능을 막으면 암세포를 위한 새로운 혈관을 만들지 못할 것이고, 암세포는 영양분과 산소를 공급받지 못해 굶어죽을 것이다.

제넨텍은 VEGF에 결합해 기능을 저해하는 항체를 화학항암제와 함께 투여하면 암 치료에 효과가 있을 것이라고 생각했다. 2004년 제넨텍은 대장암 치료제로 VEGF를 타깃하는 항암제인 아바스틴(AVASTIN®, 성분명: Bevacizumab)의 미국 FDA 승인을 받는다. 아바스틴이 갑자기 주목을 받기 시작했고 항암 신약개발 트렌드가 VEGF로 쏠렸다. 암 환자에게서 VEGF 저해제가 효능을 나타낸다는 증거가 하나둘 나오기 시작했는데, 신생혈관 생성은 고형암에서 공통적으로 나타나는 현상이었기 때문이었다.

리제네론은 1990년대부터 VEGF 메커니즘에 대해 연구해오고 있었다. 그리고 역시 일찍부터 연구해오던 트랩을 VEGF 저해 방식으로 연결할 수 있을 것으로 보았다. 그런데 암은 아니었다. 리제네론은 당시 비만 치료제를 함께 개발하고 있던 P&G에 VEGF를 타깃해 안과 질환을 치료하는 트랩의 공동개발을 제안했다. P&G는 사람에게 검증되지 않았고 시장성도 없다는 이유로 거절했는데, 3년에 걸쳐 계속된 리제네론의 제안을 거절한 것이었다. 계속된 거절에 리제네론의 VEGF 트랩은 '실패한 약물'이라는 소문이 퍼졌고, 파트너를 찾기도 어려웠다.

이때 아벤티스가 나타났다. 아벤티스는 리제네론과 손을 잡고 VEGF를 차단하는 접근법으로 표적항암 신약개발에 나설 계획이었다. 아벤티스는 도세탁셀(Docetaxel)이나 이리노테칸(Irinotecan)과 같은 화학항암제를 가지고 있었지만 새 항암제 포트폴리오가 필요했다. 이런 이유로 항체-약물접합체(antibody-drug conjugate, ADC) 개발 바이오텍인 이뮤노젠(Immuno-Gen)과도 손을 잡는 등 새 항암제 개발에 열을 올리고 있었다.

과학을 믿을 것

2004년 아벤티스는 사노피와 합병해 당시 기준으로 전 세계 3위, 유럽 1위 제약기업인 사노피-아벤티스가 되었다. 사노피는 안과 질환 치료제보다는 항암제 개발에 관심이 많았다. 사노피-아벤티스는 2005년에 리제네론에 안과질환에 대한 VEGF 트랩의 권리를 돌려주고, 암 분야에서만 VEGF 트랩을 함께 개발하기로 결정했다. 사노피-아벤티스는 안과 질환에 대한 파트너십을 반환하는 대가로, 안과 질환 치료제 개발에서 진행하고 있던 임상시험을 지원하는 2,500만 달러를 냈다. 대신 VEGF 트랩 방식 항암신약 개발 비용을 사노피-아벤티스가 모두 지불하고, 수익이 나면 리제네론이 연구비의 50%를 사노피에 돌

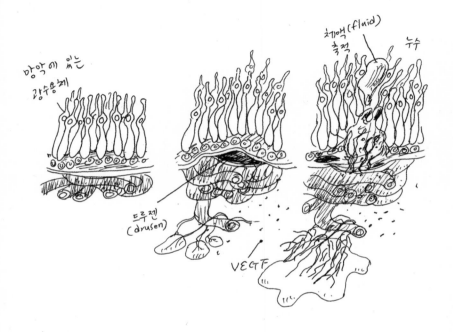

망막에 있는
광수용체

드루젠
(drusen)

VEGF

체액(fluid)
축적

누수

빛이 망막에 있는 광수용체에 닿으면, 광수용체는 전기 신호를 만들어내고, 이 전기
신호가 뇌에 도달해서 우리가 인지하는 시각 이미지 데이터가 된다. 그런데 연령 관련
황반변성(AMD) 환자는 광수용체 근처에서 새롭게 혈관이 생겨난다. 정상 수준보다 혈관이
늘어나면 정상 수준보다 많은 체액이 흘러나온다. 이렇게 되면 망막에 있는 광수용체가
제대로 기능할 수 없게 방해를 받는다. 그리고 이렇게 비정상적으로 혈관을 늘리는 것이
VEGF이다.

려주는 조건이었다.

이 계약으로 2,500만 달러라는 임상시험 비용을 받을 수 있게 되었지만, 대형 제약기업과 맺었던 파트너십에서 권리를 반환받는 것이 리제네론 입장에서 달갑지 않을 것이라는 시선이 많았다. 권리를 돌려받는 이유가 성공 가능성이 낮거나, 수익이 낮다고 결론이 났기 때문이라는 소문도 돌았다. 그러나 리제네론의 생각은 달랐다. 트랩은 이제 막 개발하기 시작하는 기술이었고, 암은 너무 복잡하고 어려운 질병이었다.

리제네론은 기적의 항암제를 개발해 멋진 아이디어를 입증하는 것은 바이오텍이 할 일이 아니라고 보았다. 그보다는 과학을 바탕으로 안과 질환 치료제를 실제로 개발하는 일을 해야 한다고 보았다. 리제네론은 1990년대 중반에 이미 VEGF 저해제를 황반변성 치료에 쓸 수 있다고 생각했다. 리제네론은 자체적으로 안과 질환에서 VEGF 트랩 임상개발을 이어나갔다.

연령 관련 황반변성(age-related macular degeneration, AMD)은 망막에 맺히는 상이 왜곡되고 시력이 나빠지는 질병이다. 심하면 완전히 시력을 잃을 수도 있다. AMD는 크게 습성 황반변성(wet AMD, wAMD)과 건성 황반변성(dry AMD, dAMD)로 나뉜다. 이 가운데 습성 황반변성은 망막에 비정상적인 혈관이 만들어지면서 체액이 흘러나오고, 이 체액이 망막세포에 영향을 주어 제 기능을 하지 못하게 방해하는 질병이다. 비정상적인 혈관이 늘어난다는 것은 VEGF가 비정상적으로 작동하고 있다는 뜻이고, 트랩으로 VEGF의 활성을 저해한다면 황반변성을 치료할 수 있을 것이었다.

여기까지는 VEGF 트랩으로 항암제를 설계하는 메커니즘이 같다. 단 안과 질환이 가지는 특성을 따져봐야 한다. VEGF 트랩을 암 환자에게 투여했을 때, 이 물질은 과연 종양 쪽으로 잘 찾아갈까? 찾아가서 암을 둘러싼 복잡한 환경을 이겨내고 항암 메커니즘을 발휘할까? 대부분의 바이오텍 연구실에서는 이 문제를 해결하기 위해 여러 경우의 수를 시험한다. 단 이는 낮은 확률의 게임을 최대한 많이 해서 승률을 올리는 방식이다. (물론 게임을 더 많이 할 수 있는 게이머, 즉 자원이 많은 대형 제약기업이나 바이오텍이 성공할 가능성이 높다. 여전히 확률 문제지만 말이다.)

그런데 안과 질환은 다르다. 우선 VEGF 트랩을 환자의 망막에 직접 보낼 수 있다. 망막에 직접 주사를 놓는 방식인데(intravitreal injection, 유리체강 내 주입), 주사가 환자에게 통증을 주지 않아 여러 번 투여할 수도 있다. 이렇게 약물을 치료 부위에 직접 보낼 수 있으니 효능이 좋을 것이다. 또한 황반변성이 일어나는 부위는 종양처럼 복잡한 환경을 갖고 있지도 않다.

시장의 규모만 놓고 보면 황반변성 신약을 개발하는 것보다 항암 신약을 개발하는 것이 올바른 판단이다. 그러나 리제네론의 생각에 따르면 신약개발은 시장이기도 하지만 과학이기도 하다. 또한 과학을 압도하는 돈을 가지고 최대한 많은 경우의 수를 모두 확인해가는 방식은 리제네론이 할 수 없는 일이다. 바이오텍이 과학을 가지고 신약을 만든다면, VEGF 트랩으로는 황반변성 치료제를 개발하는 것이 옳다.

한편 사노피-아벤티스는 VEGF 항암 신약개발 경쟁에 뛰어들었다. 2000년대 중후반 4,000명이 넘는 환자를 대상으로 하는 4건의 임상3상을 추진하며 대장암, 췌장암, 폐암, 전립선암, 난소암 등에서 공격적으로 VEGF 트랩의 가능성을 평가했다. 결국 2012년, 사노피-아벤티스와 리네제론이 함께 개발하는 항암 VEGF 트랩이 미국 FDA 승인을 받는다. 잘트랩이었다. 그러나 상업적인 성공으로 이어지지 못했다. 잘트랩은 효능에서 아바스틴보다 뚜렷한 이점이 없었지만 가격은 2배 정도 비쌌다. 잘트랩의 가격을 반으로 낮췄지만 시장 반응은 달라지지 않았다.

반대로 리제네론의 판단이 옳았다는 것은 조금씩 입증되어갔다. 2005년 제넨텍이 wAMD 치료제인 라니비주맙(Ranibizumab) 프로젝트의 임상시험 결과를 발표하기 시작했다. 제넨텍의 판단도 VEGF를 저해하는 방식의 치료제는 안과 질환이 적합하다고 보았던 것이다. 다만 제넨텍은 트랩이 아닌 항체 방식이었다. 아바스틴이 VEGF 저해 항체 방식이라면, 라니비주맙은 눈 망막에 더 잘 침투할 수 있도록 일반 항체의 1/3 크기인 VEGF 저해 항체 절편(Fab)을 이용했다. 라비니주맙은 아바스틴보다 VEGF에 더 단단히 결합했다. (참고로 아바스틴의 크기는 150kDa, 라비니주맙은 44kDa, 아일리아는 100kDa이다.)

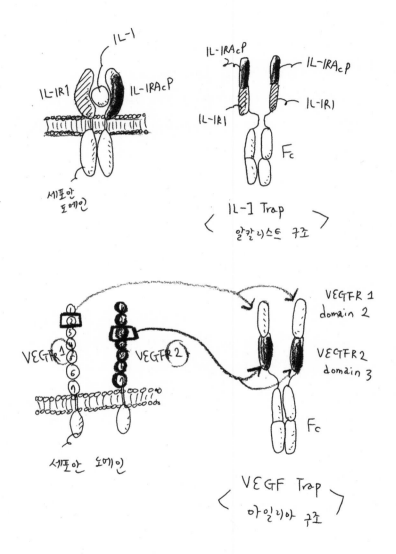

리제네론이 개발한 알칼리스트와 아일리아 모두 트랩 방식이다.

리제네론은 VEGF 트랩 방식으로 안과 질환 신약개발을 이어갔다. 리제네론은 wAMD 치료제 초기 임상시험에서 긍정적인 데이터가 나오기 시작한 것을 바탕으로 임상2상을 추진하면서, 동시에 2007년 초에 임상3상에 들어가는 계획도 세웠다. 새로운 파트너도 나타났다. 2006년 리제네론은 바이엘(Bayer)과 VEGF 트랩에 대한 파트너십을 맺었다. 계약에는 미국 시장을 염두에 둔 조건도 포함되었다. 리제네론이 미국 내 권리를 유지하고, 미국 외 지역에서는 50:50 비율로 비용과 이익을 분담하는 구조였다. 이 파트너십으로 리제네론은 계약금 7,500만 달러를 포함해 최대 2억 4,500만 달러를 바이엘로부터 지급받을 수 있게 되었다.

VEGF를 타깃하는 안과 질환 신약개발 경쟁에서 먼저 성과를 낸 것은 제넨텍이었다. 2006년 제넨텍의 루센티스(LUCENTIS®, 성분명: Ranibizumab)는 wAMD을 치료하는 항체 치료제로 미국 FDA의 승인을 받았다. 이후 망막정맥폐쇄증에 따른 황반부종, 당뇨병성 황반부종(diabetic macular edema, DME) 등 망막에 비정상적인 혈관 생성으로 인한 안과 질환 치료제로 폭을 넓혀간다.

루센티스는 시판된 첫해 3억 8,000만 달러어치가 처방되었다. 루센티스는 경쟁 제약기업과 바이오텍의 VEGF 메커니즘 치료 약물보다 임상에서 효능이 좋았다. 첫해 이 정도로 많은 처방이 이루어졌다는 것은, 치료제를 고르기 위해 안과 의사들이 임상시험 데이터까지 살펴보고 있다는 뜻이었다. 그리고 기존 치료제보다 효능이 좋다는 임상시험 결과를 낸다면, 후발 주자에게도 기회가 있음을 보여준 것이었다.

리제네론은 고농도의 VEGF 트랩을 투여하는 방식으로 루센티스와 차별성을 가질 수 있다고 보았다. 루센티스는 4주에 한 번씩 wAMD 환자에게 유리체강 내 투여로 처방된다. 그런데 리제네론은 처음 3회는 4주에 한 번씩 투여하지만, 그 다음부터는 8주에 한 번씩 투여하는 방식으로 방향을 잡았다. 2011년 리제네론은 VEGF 트랩 방식의 wAMD 치료제인 아일리아의 시판 허가를 받는다.

리제네론은 루센티스보다 싼 값으로 아일리아를 내놓았다. 여기에 더해 환자가 의사를 만나 검사받는 횟수가 줄어드는 것까지 고려하면, 환자가 아일리아로 치료를 받을 경우 연간 최대 8,000달러의 치료비를 아낄 수 있었다. 그러나 제넨텍은 기존 가격을 유지했다. 그러면서 아일리아가 루센티스에 비해 덜 빈번하게 투여해도 된다는 명백한 증거가 없다고 비판했다.

아일리아는 출시된 첫해 8억 3,800만 달러어치가 처방되었다. 아일리아가 나오기 전까지 루센티스가 미국 기준 연간 15억 달러어치 팔렸던 것과 비교하면 시장이 더 좋은 신약, 즉 과학에 빠르게 반응하고 있다는 것도 확인되었다. 2022년 한 해 동안 아일리아의 미국 내 매출액은 63억 달러였고, 루센티스는 18억 달러였다.

아일리아는 루센티스에 비해 가격이 싸고 투여 편의성이 좋지만, 무엇보다 효능에서 장점이 있었다. 미국 NIH의 지원으로 2012년 당뇨병성 황반부종(DME) 환자 660명을 대상으로 아일리아와 루센티스, 아바스틴을 1년 동안 투여해 직접 비교한(head-to-head) 임상3상이 시작됐다(NCT01627249). 동시에 세 가지 약물을 직접 비교하는 최초의 임상3상 연구였다.

DME는 당뇨병 환자에게 생기는 미세혈관 합병증으로, 환자의 시력을 떨어뜨리는 주요 원인이다. 당뇨병 환자는 만성적으로 혈당 수치가 높아지면서 망막 혈관이 망가진다. 망가진 망막 혈관으로 물이 새어나오고, 망막 중심부인 황반에 물이 차는 DME가 생기는 것이다. 황반에 물이 고이면 심각한 또는 완전한 시력 상실이 올 수 있다. 당뇨병에 걸린 지 5년이 된 환자의 1/3에게서 DME가 나타나고, 15년이 지나면 발병률이 80%에 이른다.

당뇨병 환자에게 IL-6, IL-8, VEGF 등이 늘어나면서 염증과 신생혈관생성으로 DME가 생긴다는 사실은 이미 알려져 있었다. 따라서 VEGF 저해제를 투여하면 DME를 완화시킬 수 있을 것이었다. 실제로 루센티스는 DME 치료제로 2012년, 아일리아는 2014년 시판허가를 받았다. 이런 이유로 미국 NIH는 루센티스, 아바스틴, 아일리아 세 가지 의약품 가운데 어떤 것이 DME에 제일 효과적일 것인지 알아보는 임상시험을 기획한 것이었다.

2015년 2월, 『*The New England Journal of Medicine(NE-JM)*』에 임상시험 결과가 발표되었다. 부작용에 있어서는 세 약물의 비슷했지만, 아일리아가 두 약물보다 더 큰 시력 개선 효과를 보여주었다. 특히 시력이 나쁜(중증도 내지 중증) 환자 그룹에서 효과가 두드러졌다. 아일리아의 경우 환자가 읽을 수 있는 글자점수가 18.9 나아졌고, 대조군인 루센티스는 14.2, 아바스틴은 11.8만큼 개선됐다. 이는 아일리아를 투여받는 환자가 시력 검사표에서 작은 글씨로 쓰여진 한 줄을 더 읽을 수 있게 되었다는 뜻이었다.

리제네론은 계속해서 투여 주기를 개선한 고용량 아일리아를 내놓으면서, 투여 편의성을 개선해갔다. 리제네론이 임상에서 쌓은 데이터를 바탕으로 집중 치료가 필요한 환자에게는 4주, 오랫동안 투여받아야 하는 환자 대상으로는 최대 16주(8mg 용량)마다 1회 투여할 수 있게 되었다. 또한 안과 적응증에 따른 투약 방식도 세분화했다.

플랫폼 바이오텍

리제네론은 플랫폼 기업(platform company)으로 알려져 있다. '플랫폼'은 여러 산업 분야에서 여러 가지 뜻으로 사용되는데, 제약 산업에서도 플랫폼이라는 말이 이런저런 뜻으로 쓰이고는 한다. 평평한 (plat) 형태(form)를 갖춘 대표적인 플랫폼은 기차를 타는 승강장이다. 기찻길 옆에 있는 땅을 가지런하게 정리하고 평평하게 포장하면, 그곳에서 사람들이 편리하고 안전하게 기차를 탈 수 있다. 승강장은 기차를 타려는 사람이면 누구나 이용할 수 있기에 개방적인 것처럼 보인다. 그러나 승강장은 독점적인 구조다. 누구든 승강장을 이용할 수 있지만, 기차를 타려면 누구라도 승강장을 이용해야만 하기 때문이다. IT 산업 분야의 플랫폼도 마찬가지다. 이용자들은 플랫폼을 편리하게 이용할 수 있지만, 이는 플랫폼에 들어와야만 이용할 수 있다는 뜻이다. 즉 독점이다. 가장 적합한 위치를 선점해, 가장 평평한 형태로 만드는 노력을 기울여 편리하게 구축한 플랫폼은, 사람들이 이용할 수밖에 없기에 독점의 이득을 누릴 수 있다.

　제약 산업 분야에서도 플랫폼이라는 말이 많이 쓰인다. 특히 어떤 바이오텍은 아예 '플랫폼 기업'으로 분류되기도 한다. 신약개발 또는 의약품 생산에 필요한 기술을 개발하면, 그 기술을 이용하기 위해 몰려오는 이용자들이 있고, 이들을 대상으로 한 비즈니스를 펼치는 바이오텍들이다. 플랫폼 기술은 승객들이 기차를 계속 타기 위해 승강장을 이용하듯 신약 후보물질을 개발하는 데 계속 쓰일 수 있어야 한다. 또한 기차를 타려면 승강장을 이용해야만 하듯이 신약 후보물질을 개발하려면 쓰지 않을 수 없는 기술이어야 한다. 바이오텍이 가

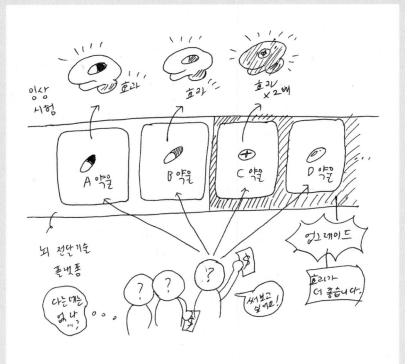

신약개발 플랫폼은 시장에서 그 가치를 인정받아야 한다. 문제는 그 기술이 실제 신약개발에 얼마나 효과적일 것이냐 하는 것이다.

진 플랫폼의 가치(value)는 여기서 나온다.

그런데 바이오텍이 가진 플랫폼의 가치는 시장과 고객이 정한다. 보통 플랫폼 바이오텍은 큰 규모의 제약기업에 자신의 기술을 제공해 신약 후보물질을 찾는 연구를 함께 한다. 대형 제약기업은 테스트 결과를 보고, 협업을 이어갈지 결정한다. 이 승강장에서 기차를 탈지 다른 승강장에서 탈지 승객이 결정하는데, 단순히 차표를 한 장 끊는 승객이 아니다. 아마 수백, 수천 명의 차표를 파는 여행사이거나, 수백, 수천 개의 컨테이너를 나르는 물류기업일 것이다. 승강장 이용에 대한 결정권은 여행사나 물류기업이 가지며, 바이오텍의 플랫폼 기술을 쓸지 말지에 대한 결정도 대형 제약기업이 내린다.

플랫폼이라는 말이 마법처럼 느껴질 때가 있다. 어떤 기술을 플랫폼이라고 부르면 기술이 완성된 것만 같다는 인상을 받기 때문이다. 플랫폼 기술이기에 A, B, C 등 여러 타깃으로 확장될 수 있다는 말은 신약개발의 성공이 확장될 수 있다고 상상하게 해주기도 한다. 플랫폼이라고 부르는 것의 범위도 넓다. 특정한 물질, 프로세스, 노하우, 지식까지 플랫폼에 포함된다. 이런 상황은 플랫폼이라는 말을 더욱 마법처럼 들리게 한다.

그런데 마법을 과학으로, 상상을 현실로 돌릴 수 있는 방법이 있다. '시간과 돈'이라는 필터로 들여다 보면 된다. 전 세계적 규모의 제약기업이 플랫폼 바이오텍과 계약을 맺는 '플랫폼 딜'은 보통 '타깃 당 얼마의 금액을 받는' 방식이다. 계약을 맺을 때 한두 가지 타깃만 포함되는 것이 아니므로 계약 규모는 수십 억 달러에 이르는 경우도 흔하다. 그러나 시간이 지나 임상개발로 들어가는 타깃의 개수는 많지 않으며, 그나마 진도가 많이 나가지 않는 경우도 많다. 이럴 때는 시간을 거슬러 계약을 맺을 당시로 돌아가 계약서를 살펴보자. 계약 규모가 수십 억 달러이기는 한데, 계약금 액수는 크지 않다. 이 경우 수백만 달러 정도의 계약금으로 플랫폼의 가능성을 따져 보는 프로젝트였던 것이다. 전 세계적 규모의 제약기업은 수없이 많은 플랫폼 바이오텍과 이와 같은 방식으로 계약을 맺는다.

한편 기술이 발전해가는 과정은 플랫폼의 가치를 다시 평가하게 만든다. 2000년대에는 항체를 찾는 기술이 플랫폼으로 주목받았다. 그러나 항체를 찾는 기술은 곧 보편화되었다. 2010년대에는 이중항체 기술이 플랫폼으로 주목받았다. 그리고 2024년 현재 다중항체 기술까지 이야기된다. 기술은 끊임없이, 게다가 빠르게 발전하기에 독점성을 계속 유지하기란 쉽지 않다.

기술은 그 자체로는 기술일 뿐이다. 그 기술을 어디에 어떻게 쓸 것인가, 신약개발이라면 플랫폼으로 얼마나 경쟁력이 있는 신약 후보물질을 찾아내고 만들어낼 수 있는가가 핵심일 것이다. 즉 바이오텍의 플랫폼은 신약개발과의 얼마나 유용하고 구체적인 관계를 맺고 있는지로 가치를 판단해볼 수 있다. 아래는 내가 플랫폼 바이오텍을 취재할 때 사용하는 체크리스트다. 리제네론은 아래 체크리스트를 모두 충족한다. 그렇다고 플랫폼 기업이라고 단정하기도 어렵다. 리제네론은 역시 설명하기 어려운 바이오텍이다.

□ [확장] 여러 타깃을 대상으로 한 임상시험에서 개념입증(PoC) 결과를 확보했나?
□ [수요] 임상개발과 상업화를 내다보는 파트너십을 맺고 있나?
□ [독점] 얼마나 독점적인 기술인가?
□ [개선] 임상시험 데이터를 바탕으로 기술을 개선하고 있나?
□ [신약] 정말로 신약 후보물질 개발을 위한 플랫폼인가?

제8장

과학적으로 계약하기

무언가를 팔고 싶다면
'아무리 돈을 많이 준다고 해도
모든 것을 팔지 않겠다'라고
말해봐야 한다.
정말 가치가 있다면
거대 제약기업이
'절반만이라도 사고 싶다'
라고 대답해 올 것이다.

— 레너드 슐라이퍼와 조지 얀코풀로스

50:50

바이오텍에는 무엇이 필요할까? 여러 가지가 있겠지만 무엇보다 '돈'이 있어야 한다. 바이오텍은 신약을 개발할 때까지 R&D를 멈출 수 없다. 물론 신약을 개발했다고 R&D를 멈출 수 있는 것도 아니다. 과학이 끝난 것도 아니고, 모든 질병의 치료제를 개발한 것도 아니니 신약개발을 위한 R&D는 계속 되어야 한다. R&D에는 돈이 많이 들어가며, 바이오텍은 오직 투자금으로 이 비용을 충당하는 경우가 많다. 늘 아슬아슬한 상황이기에, 바이오텍에서는 특히 더 돈이 중요하다.

리제네론에서 얀코풀로스가 '바이오텍에서 과학이란 어때야 하는가?'에 대한 기준을 세워갔다면, 슐라이퍼는 '바이오텍에서 돈이란 무엇이고 계약이란 어때야 하는가?'에 대한 답을 찾아갔다. 슐라이퍼는 암젠과 ALS 치료제를 개발하는 파트너십, 아벤티스와 VEGF 트랩을 개발하는 파트너십에서 50:50이라는 계약을 맺었다. 바이엘과 아일리아 개발을 놓고는 미국 내 독점권을 유지하는 내용의 파트너십이었다.

바이오텍이 대형 제약기업과 50:50 조건으로 계약을 맺는 것은 드문 일이다. 그런데 리제네론이 암젠과 ALS 신약개발 계약을 맺은 1990년대에도 그랬고, 2024년 현재도 50:50 조건으로 계약을 맺고는 한다. 보통 바이오텍과 대형 제약기업이 파트너십을 맺는 조건은, 신약 후보물질에 대한 전 세계 독점권을 대형 제약기업에 넘기면서 계약금과 향후 특정 지점을 지나면서(개발, 허가 등) 마일스톤을 지급받는 방식이다. 그런데 50:50 계약은 바이오텍이 최소 수백 만 달러의 개발 비용을 감당해야 한다는 뜻이다. 이런 이유로 배짱이 좋은(?) 바이오텍도 미국 지역 한정으로 50:50 계약을 맺는다.

보통 50:50 조건은 대형 제약기업들 사이에 맺는 계약에서 주로 보인다. 개발 속도는 앞당기고, 판매에 주력할 지역을 서로 나누기 위해 맺는다. 즉 신약개발이 어느 정도 완성되어 가는 단계에서 마케팅 전략 차원에서 일어나는 일이다.

리제네론이 전 세계적인 규모의 제약기업들과 거의 동등한 지위와 유리한 조건으로 파트너십을 맺을 수 있었던 데는 두 가지가 영향을 주었다. 하나는 리제네론이 가지고 있는 과학에 대한 확신이다. 무수히 많은 실험으로 아이디어를 확인하는 '경우의 수 검증 게임'이 아니라, '유전학처럼 확실한 과학'으로 질병의 약한 고리를 정확하게 공격하고 있다면 자신의 과학을 확신할 수 있을 것이다. 그리고 과학에 대한 확신이 있으면 협상 테이블에서 50:50을 말할 수 있을 것이다.

다른 하나는 과학에 대한 의지다. 많은 바이오텍은 과학을 하기 위해 기업을 시작한다. 대학 연구실이나 거대 제약기업 연구실에서 할 수 없는, 도전적이고 혁신적인 과학을 하기에 바이오텍이 유리하다. 그러나 아무리 도전적이고 혁신적인 과학이라고 해도 돈이 없으면 할 수 없다. 만약 바이오텍이 회계와 수

익의 관점에서 협상 테이블에 앉는다면 50:50까지 요구하지는 않을지 모른다. 50:50까지 요구하지 않아도 부자가 되기에는 충분한 돈을 벌 수 있기 때문이다. 그러나 연구의 관점에서 협상 테이블에 앉는다면 50:50도 만족스러운 조건은 아닐 것이다. 앞으로 얼마나 더 R&D 비용이 들어가야 할지 모른다. 따라서 '바이오텍에 충분한 자금'이라는 문장은 리제네론 입장에서는 받아들이기 어려운 말일지도 모른다. 연구비라는 것은 언제나 부족한 것이기에, 리제네론은 사노피와 이런 방식으로 계약을 맺었다.

2006년 리제네론은 벨로시이뮨을 공개했다. 리제네론은 동물 모델에서 인간화 항체를 직접 생산해내고, 이것이 신약개발 분야와 바이오 제약업계에 커다란 변화를 가져올 것이라고 보았다. 이는 리제네론만의 생각은 아니었다. 사노피(당시는 아벤티스)도 비슷한 생각을 하고 있었다.

사노피는 항체 의약품 분야에서 우위를 점하려고 리제네론의 인간화 항체 플랫폼에 투자하기로 했다. 사노피는 원래 VEGF 트랩 파트너십을 맺으면서 리제네론에 4% 정도의 지분을 투자했다. 2007년에 사노피는 리제네론의 지분을 15% 더 사들여 비율을 19%로 올렸다. 여기에 계약금 8,500만 달러를 포함해 향후 최대 5년간 연구자금으로 4억 7,500만 달러를 지급하면서 파트너십을 3년 연장할 수 있는 옵션을 확보했다. 리제네론은 매년 1억 달러의 R&D 자금을 확보한 셈이었다.

리제네론이 다른 바이오텍과 플랫폼 개발에서 차이나는 지점이 있다면, 보통의 바이오텍은
플랫폼을 팔기 위해 개발하지만 리제네론은 자신이 쓰려고 개발한다는 점이다. 리제네론은
자신들의 신약개발에 쓸 플랫폼을 개발한다. 자신의 신약개발을 좀더 효율적이고
효과적이고 과학적으로 이끌어가기 위해, 자신이 쓰려고 직접 만드는 플랫폼은 '집밥'이다.
식재료를 아끼지 않고 갓 지어낸 집밥을 먹을 수 있다면, 비싼 돈을 내고서라도 먹어보고
싶을 것이다. 그에 비해 팔기 위해 개발하는 플랫폼은 '식당밥'일 수 있다. 무조건 집밥이 좋은
것도 아니고, 식당밥의 맛과 질이 무조건 떨어지는 것도 아니다. 그러나 적어도 리제네론
집밥이 인기가 많은 것만은 사실이다.

사실 설립 이후 꾸준히 연구 논문을 발표했지만 이렇다 할 성과를 내지 못했던 리제네론 입장에서는 파격적인 조건이었다. 그러나 리제네론은 이 정도도 썩 만족스럽지 못했던 것 같다. 바이오텍에는 돈이 많이 필요한데, 리제네론에는 특히 더 많은 돈이 필요하다고 생각했을 것이다.

　　사노피와 리제네론의 계약 조건을 다시 살펴보자. 사노피와 리제네론은 신약 후보물질에 개발 비용은 분담한다. 그런데 신약 후보물질에 대한 비용을 사노피가 먼저 지불하고, 후보물질이 수익을 내기 시작하면 리제네론이 자기 수익에서 개발 비용을 상환하는 구조다. 리제네론과 사노피는 미국 내 이익을 50:50으로 나누기로 하는데, 그 이외 지역에서 나는 수익은 사노피가 55~65%를 가져가기로 했다. 기본적으로 사노피가 상업화를 주도하지만, 리제네론은 전 세계에서 제품을 공동 프로모션할 권리도 확보했다.

　　사노피의 연구개발비 선투자, 수익이 나면 리제네론은 연구개발비 보전, 그럼에도 가장 중요한 미국 시장에서 수익 배분은 50:50, 전 세계 판권도 공유. 사노피가 호구를 잡힌 것 같기도 하고, 리제네론의 배짱이 두둑해 보이기도 한다. 계약은 여기서 끝이었을까? 2년 후 사노피는 연간 연구비용을 1억 달러에서 1억 6,000만 달러로 늘려주었고, 파트너십 기간도 2017년으로 연장했다. 그리고 2017년 말 사노피와 리제네론의 파트너십은 끝났다. 결과는 어땠을까? 사노피는 리제네론에 R&D

비용 이상의 힘을 보탠 셈이 되었다. 리제네론은 사노피와 파트너십을 수행하는 5년 동안 연구 인력을 2.5배 늘렸기 때문이다.

듀피젠트

리제네론과 사노피가 공동으로 개발한 첫 결과물은 2015년 미국에서 시판 허가를 받은 심장약인, PCSK9 항체 치료제 프랄런트(PRALUENT®, 성분명: Alirocumab)다. 이는 리제네론이 인간 항체 플랫폼을 공개한 이후 개발한 첫 번째 제품이기도 했다.

프랄런트 개발에서도 리제네론의 유전학을 바탕으로 한 신약개발 방식이 적용되었다. 프랑스 네케르 앙팡 말라데스 병원(Necker-Enfants Malades Hospital) 연구팀은 어떤 가족을 추적하고 있었다. 이 가족 구성원들은 가족성 고 콜레스테롤증을 앓고 있었다. 유전적으로 고 콜레스테롤증인 경우 환자의 90%가 심장으로 가는 혈관이 막히는 관상동맥질환을 앓고, 60%가 조기 사망에 이른다고 알려져 있었다. 그러나 이 가족은 유전적으로 고 콜레스테롤인 경우에 나타나는 1번 염색체에 변이가 없었고 관련 유전자 변이도 없었다. 대신 2003년 새롭게 발견한 PCSK9 유전자와 관련이 있다는 것을 알게 되었다.

한편 미국 유티(UT) 사우스웨스턴 메디컬센터 연구팀은 심혈관질환 코호트 데이터베이스를 검색하고 있었다. 그런데 콜레스테롤 수치가 낮은 환자 그룹 가운데 PCSK9 유전자 한 카피(copy)가 망가진 경우, 콜레스테롤 수치가 정상인에 비해 28% 낮아진 것을 발견했다. 이들은 심장병에 걸릴 위험이 정상인에 비해 비해 88% 낮았다. PCSK9 유전자 두 카피가 망가진 사례도 발견했는데, 일반인에 비해 콜레스테롤 수치가 매우 낮았지만 건강에는 이상이 없었다.

리제네론은 이 연구 결과를 보고, 벨로시진으로 PCSK9 유전자를 없앤(KO) 마우스를 만들었다. PCSK9 유전자가 사라진 마우스는 그렇지 않은 마우스에 비해 LDL(low-density lipoprotein), 즉 나쁜 콜레스테롤을 덜 만들어냈다. 이런 경우 심장병에 걸릴 확률이 낮아진다. PCSK9 유전자에 의해 발현된 PCSK9 단백질은 간세포에서 LDL 수용체(LDLR) 수치를 조절하는 '음성 인자'였다. 만약 PCSK9 단백질이 잘 작동하지 못하게 한다면, 간세포의 LDLR 발현이 높아지고 혈중 LDL 수치는 낮아질 것이다. 당시에는 이미 LDL를 낮추는 스타틴이 널리 처방되고 있었지만, 유전성 고 콜레스테롤 환자의 경우는 스타틴으로 충분히 LDL 수치를 낮추지 못했다.

리제네론과 사노피는 벨로스이뮨에서 PCSK9 단백질을 저해하는 인간 항체를 찾기 시작했다. 리제네론은 임상1상에서, 몇 명의 환자에게 프랄런트를 투여하자 약물이 작동하는 것을 확인했다. 고지혈증 환자에게 프랄런트를 투여하자 단 몇 주만에 LDL 수치가 50~60% 떨어졌다. 리제네론과 사노피는 2015

년 미국 FDA로부터 최초의 PCSK9 저해제의 시판허가를 받았다. 고농도의 스타틴 치료법을 견딜 수 없거나 유전적인 요인으로 인해 LDL 수치가 매우 높은 환자에게 처방할 수 있는 신약을 개발한 것이었다.

다만 프랄런트는 많이 처방되는 신약이 되지는 못했다. 프랄런트를 포함한 PCSK9 저해 항체는 30억 달러의 매출을 낼 것으로 예상했지만 기대에 미치지 못했던 것이다. 프랄런트의 매출액은 2023년 6억 3,890만 달러였다. 프랄런트는 환자에게 제대로 작동했지만, 일부 환자에게만 제한적으로 처방될 수 있었으며, (경구투여를 하는 스타틴과 달리) 피하투여 방식이었다. 게다가 가격이 비싸 보험사가 환급 대상으로 지정하길 꺼렸다. 사노피와 리제네론은 프랄런트의 가격을 연간 1만 4,625달러에서 5,850달러로 내렸지만, 매출 증가에 큰 도움이 되지 못했다.

이후 리제네론과 사노피는 류마티스 관절염 치료제인 IL-6 저해제 케브자라(KEVZARA®, 성분명: Sarilumab)와 2015년 면역항암제 부문의 항체발굴 파트너십을 강화하며 PD-1, IL-33, LAG-3 등 인간 항체 신약을 더 개발했지만 마찬가지로 큰 반응이 없었다. 그리고 드디어 리제네론은 블록버스터 신약을 개발하게 된다. 바로 듀피젠트(DUPIXENT®, 성분명: Dupilumab)다.

1990년대까지 사람들은 아토피 피부염의 정확한 원인을 모른 채 산업화에 따라 유해물질에 많이 노출되었기 때문이라고만 추측하고 있었다. 유해물질에 노출된 사람의 면역체계가 과활성된 탓에 아토피 피부염이 늘어났다는 것이었다. 그러다 1990년대 초반, 과학자들은 몸 안에서 인터루킨(interleukin, IL)과 염증이 작동하는 메커니즘을 이해하기 시작했다.

1990년대 중반 얀코풀로스는 피부와 폐에서 인터루킨의 일종인 IL-4와 IL-13이 과다해지면 타입2 도움T세포(Th2)가 매개하는 제2형 염증반응, 즉 아토피 피부염을 일으킬 수 있다는 가설에 관심을 가지기 시작했다. 가설의 핵심은 다른 장기와 조직에서 일어나는 염증 반응과 동일한 원인과 과정을 거친다는 것이었다. 즉 피부에서 생기는 아토피 피부염, 폐에서 문제가 생기는 천식의 원인이 같을 수 있다는 것이었다.

이런 가설을 확인하기 위해 리제네론은 사람과 쥐에서 IL-4와 IL-13 수용체 유전자에 변이가 일어나면 아토피 피부염과 같은 증상이 발생할 수 있다는 단서를 모아갔다. 아토피 피부염, 천식, 나아가 자가면역질환인 알러지까지 IL-4와 IL-13을 억제하면 증상을 억제할 수 있을 것이며 여러 질환에서 치료 효과를 볼 수 있을 것이라는 기대에서였다. 리제네론은 1990년대 중반 사이토카인 트랩을 개발하면서부터, 2000년대 초 IL-4/IL-13 트랩으로 천식과 알러지 질환에서 임상을 시작할 계획을 갖고 있었다.

리제네론과 사노피는 IL-4와 IL-13이 결합하는 IL-4 수용체(IL-4R)는 공통적인 결합 부위를 갖고 있다는 것에서 시작해, IL-4R을 저해하는 항체(Dupilumab, REGN-668)를 발굴했다. 그리고 2009년 건강한 피험자를 대상으로 임상1상, 2010년에는 아토피 피부염 환자를 대상으로 임상1상을 시작했다. 2013년에는 듀피젠트가 중등도 내지 중증 아토피 피부염 환자의 증상을 크게 개선한다는 것을 확인했다. 그리고 염증 반응과 가려움증을 모두 효과적으로 개선한 첫 개념입증(PoC) 임상1b상 결과를 발표했다.

이를 바탕으로 리제네론과 사노피는 아토피 피부염 환자를 대상으로 한 대규모 임상2상을 추진했다. 2016년 아토피 피부염 환자를 대상으로 IL-4와 IL-13을 저해하는 항체 2건의 임상3상 결과가 발표되었다. 자가면역질환에서 큰 효능을 보여주는 애브비의 휴미라는 여러 자가면역질환 환자의 증상을 20~60% 개선하는 것으로 알려져 있다. 그런데 리제네론과 사노피의 항체는 중등도 또는 심각한(severe) 아토피 피부염 환자의 피부 증상을 평균 70~80% 개선했고, 가려움 증상까지 개선했다. 듀피젠트의 탄생이었다.

리제네론과 사노피는 10년 동안 파트너십을 이어갔고, 2019년부터 듀피젠트가 상업적으로 의미를 갖게 되었다. 2019년 2분기에 듀피젠트가 5억 5,700만 달러 매출을 올렸고, 사노피와 맺은 파트너십은 3,900만 달러의 수익을 냈다고 발표했다. (참고로 2018년에는 여전히 개발을 위한 비용으로 6억 9,000만 달러를 지출했다.) 2023년 듀피젠트는 116억 달러의 매출을 냈다. 2024년 현재 듀피젠트는 천식, 만성 비부비동염(nasal polyposis), 호산구성식도염(eosinophilic esophagitis) 등 여러 자가면역질환 치료제로 처방되고 있다. 2023년 11월에는 치료제가 없는 만성폐쇄성폐질환(chronic obstructive pulmonary disease, COPD) 임상3상에서도 뛰어난 효능을 보여주었다. 그리고 2024년 9월 미국 FDA는 이를 COPD 치료제로 승인했다. 듀피젠트는 COPD 치료제로 미국에서 30억 달러어치가 넘게 처방될 것으로 보여진다.

누구도 아일리아가 매년 수십 억 달러 규모로 처방될 것이라고 예상하지 못했다. 듀피젠트도, 바젤로스가 머크에서 개발을 이끌었던 스타틴도 마찬가지였다. 아마 아스피린도 처음에는 그랬을 것이다. 이를 두고 리제네론의 슐라이퍼는 순현재가치(net present value, NPV) 기법 같은 것으로 신약개발의 가치를 따지는 것만큼 바보같은 행동은 없다고까지 말했다. 괴짜 과학자들의 이해할 수 없는 행동처럼 보였던 리제네론의 이야기는, 바이오텍에 간절하게 필요한 '과학 리더십(Science Leadership)'이 어떤 모습일 것인지에 대한 이야기다. 그리고 숨가쁘게 새로운 치료제를 개발해내는 것 못지않게, 과학 리더십의 모델을 만들어가고 있다는 점이 리제네론의 진정한 위대함일지도 모르는 일이다.

위대한 바이오텍

IV

제9장

얼마나 간절한가

환자의 삶을 서서히
나아지게 하려는 것이 아니다.
환자의 삶을 바꿔내고 싶다.
우리는 어떻게 하면 되는지도
이미 알고 있다.

    — **조슈아 보거**

케이퍼 영화와 바이오텍

'케이퍼 영화(Caper film)'는 자신만의 특기를 가진 도둑들이 모여 삼엄한 경비를 뚫고 무언가를 훔치는 이야기를 보여주는 장르의 영화다. 이제는 할리우드 고전이 된 〈오션스〉 시리즈나 한국의 〈도둑들〉과 같은 영화가 대표적이다.

케이퍼 영화의 공식은 매우 전형적이지만 관객들은 질리지 않고 영화관을 찾는다. 영화 속에서 리더인 주인공은 도저히 뚫을 수 없을 것만 같은 감시망과 보안 시설을 뚫기 위해, 오직 실력을 위주로 최고의 전문가들로 팀을 꾸린다. 리더는 혼자라면 불가능하겠지만 팀이라면 가능할 수 있는, 매우 희박하지만 분명히 뚫을 수 있는 작전을 팀원들에게 브리핑한다. 이 팀은 가장 좋은 장비를 갖추는 데 아낌없이 투자하고, 가장 높은 수준으로 자기가 맡은 역할을 훈련하며, 혼신의 힘을 다해 매우 높은 위험을 돌파한다. 리더와 동료와 자신의 능력을 믿고, 그간의 훈련과 작전을 믿고, 과감하게 행동에 옮긴다.

대부분의 케이퍼 영화는 주인공들이 상상할 수 없을 정도로 많은 돈이나 보석을 훔쳐내고, 훔친 것을 사이좋게 나누어 가지면서 헤어지는 것으로 끝난다. 관객들이 뻔한 이야기 구조를 갖는 케이퍼 영화를 계속 찾는 이유는 여러 가지일 것이다. 그 이유 가운데는 현실에서 이렇게까지 무언가를 절실하게 원하고, 원하는 것을 얻기 위해 간절하게 노력하는 모습을 보기 어렵기 때문인 것도 있을 것이다.

어쨌거나 현실에서 영혼을 갈아 넣는 간절함으로 물건을 훔치려는 도둑이 많지 않다는 것은 정말 다행이다. 그리고 신약 개발이라는 판에서 버텍스와 리제네론이 케이퍼 영화 속 주인 공들처럼 행동하는 것도 다행이다. 두 바이오텍의 리더들은 오직 실력을 위주로 최고의 팀을 꾸리고, 과학으로 작전을 짜며, 시간과 돈을 아낌없이 투자한다. 그 목표는 '완치'처럼 좀처럼 엄두를 내기 어려운 가치다. 가치로운 목표를 이루기 위해 바이오텍 구성원들은 자기 분야 전문성을 끊임없이 강화해나가는가 하면, 작전이나 방법이 틀렸다고 판단하면 미련 없이 새 작전과 방법으로 바꾼다. 중요한 것은 목표를 이루는 것이지 작전과 방법을 지키는 것이 아니기 때문이다. 그리고 결국 신약을 개발한다. 버텍스와 리제네론은 이런 영화를 계속 찍고 있다.

간절하다면 프로젝트를
죽일 수 있다

신약개발이라고 하면 전 세계적인 규모의 제약기업들이 무엇을 개발할지 전략을 세우고, 이에 따라 천문학적 규모의 비용을 들여 작전을 펼치면, 바이오텍은 여기에 맞춰 자신의 과학과 기술을 가지고 전술적으로 참여하는 것이라고 생각하기 쉽다.

그런데 버텍스와 리제네론이 보기에 이런 접근법은 틀렸

다. 바이오텍은 스스로 신약을 개발하는 곳이지, 신약개발 과정 어딘가에 참여하는 존재가 아니라고 보기 때문이다. 바이오텍은 전 세계적 규모의 제약기업들의 신약개발 트렌드에 맞춘 무언가를 제공하는 곳이 아니라, 신약개발을 시작하고 끝내는 주체라는 것이다. 따라서 버텍스와 리제네론의 관점에서 보면, 신약개발이라는 전장의 맨 앞줄에서 싸우고 있는 것은 전 세계적 규모의 제약기업이 아니라, 크고 작은 바이오텍이다. 오히려 전 세계적 규모의 제약기업은 바이오텍이 맨 앞에서 길을 뚫으면, 그 뒤에 있다가 가장 과학적이고 합리적인 바이오텍을 따라서 움직인다.

바이오텍이 신약개발의 맨 앞에 서 있다면, 그리고 직접 신약을 개발해야 한다고 마음을 먹으면, 믿을 수 있는 것은 오로지 과학뿐이다. 과학은 '바이오텍이라면 마땅히 해야 하는 일'이 아니라 '바이오텍이 살아남을 수 있게 해주는 유일한 일'이 된다. 따라서 신약개발에 진심으로 나선 바이오텍은 과학으로 판단할 수밖에 없다. 예를 들어 '프로젝트를 죽이는 실험' 같은 것들이다. 리제네론의 바젤로스는 프로젝트를 죽이는 실험을 강조했다. 그는 '이 산업에 있는 많은 사람들이 갖고 있는 문제 가운데 하나는, 프로젝트를 그만두는 것을 주저한다는 것'이라고 보았다.

과학은 언제 어떻게 실패할지 모른다. 그리고 이는 사람을 보수적으로 행동하게 만든다. 신약개발에 걸리는 시간은 10년,

20년, 30년이다. 이를 개인의 시간으로 바꾸어보면, 신입 연구자가 어떤 바이오텍에서 일하기 시작해 정년퇴임할 때까지의 시간이다. 즉 바이오텍에서 신약개발 연구를 한다는 것은 평생을 건 모험일 수도 있다. 그러니 이 긴 모험이 펼쳐지는 동안 연구자와 그의 동료들이 자신들의 프로젝트에 대한 객관적인 태도를 계속 유지한다는 것도 매우 어려운 일이다. 프로젝트에 정(?)이 들기도 하고, 왠지 성공할 것만 같은 느낌도 든다. 어쩌면 프로젝트가 멈췄을 때 다시 뭔가를 시작할 엄두가 나지 않을 수도 있다. 함정에 빠진 연구자는 보고 싶은 결과만 볼 수 있는 임상시험을 진행하고, 부정적인 결과가 나올 것 같은 임상시험은 피하게 된다. '프로젝트를 죽일 수 있는 실험만 하지 않고, 다른 모든 실험을 하는' 이상한 일이 벌어지는 것이다.

그러나 바이오텍이라면, 그리고 과학자라면 프로젝트를 죽일 수 있는 실험을 되도록 빨리 해야 한다. 리제네론의 슐라이퍼가 말했듯 '임상1상처럼 초기 단계에서 실패를 알아낼 수 있다면, 마지막 임상3상 단계에서 거대하고 지저분한 장례식(big messy funeral)'을 치르지 않아도 되기 때문이다.

물론 결정은 쉽지 않다. 장기적인 비전과 미션을 가지고 밀고 나가는 것과, 프로젝트를 죽일 수가 없어서 붙들고 있는 것의 차이는 어떤 기준으로 판단해야 할까? 많은 바이오텍은 이런 경우 큰돈을 들여 외부 컨설팅을 받기도 한다. 여러 시선과 관점의 의견을 들어 보는 것은 분명 필요한 일이다. 그러나 이런 컨설팅은 '심리적인 이유' 때문에 이루어지기도 한다. 해당 프로젝트를 유지하거나 폐기하는 결정을 외부에 의존하고 싶어 하는 마음 때문이다.

리제네론이 스스로의 정체성을 '유전학을 하는 바이오텍'으로 설정하고 있는 것은 이와 같은 판단과 결정에 도움을 받기 위해서일 것이다. 프로젝트를 죽이는 실험의 결과를 바이오텍 내부의 연구자들이 받아들일 수 있는 유일한 방법도 과학이다. 리제네론은 타깃을 발굴해서 신약의 허가 승인을 받는 모든 과정에 유전학으로 검증하는 절차를 마련해둔다. 정부 출연 연구소가 운영할 법한 유전자 연구소를 리제네론 단독으로 운영하는 이유도 '실패했다는 사실을 과학적으로 입증할 수 있어야, 깔끔하게 정리하고 다른 길을 찾을 수 있다'는 원칙으로 설명할 수 있다.

검증의 기준은 한 가지가 더 있다. 바로 '작동하는 약(drug that really work)'인지의 여부다. 바이오텍의 과학은 실제로 환자를 치료할 수 있는 과학이어야 한다. 예를 들어 리제네론은 수많은 환자를 치료할 수 있을 매력적인 아이디어에 휩쓸리기보다는, 지구상에서 단 10명만 치료할 수 있다고 하더라도 과학적으로 작동하는 약이라면 그쪽으로 뛰어든다. 오히려 이를 기회로 삼아 외부의 지원을 확보하고, 임상개발 비용을 줄이고, 이를 바탕으로 실제 약을 개발한 다음 조금씩 확장해가는 전략을 택한다.

버텍스의 조슈아 보거는 바이오텍이 의사결정을 내리는 기준은 '팩트'여야 한다고 강조했다. 바이오텍이 일을 하기 시작하면, 여러 이해관계자가 의사결정에 참여한다. 과학적인 사실, 임상개발에서 확인된 증거에 따라 어떤 임상개발을 계속하거나 그만두는 결정을 내려야 하지만 이들 이해관계자들이 모두 같은 입장이기는 어렵다. 그리고 의약품을 팔아 벌어들이는 매출 없이 투자금만으로 운영되는 바이오텍에서 투자자의 '입장'이 크게 반영되는 의사결정을 내리는 경우가 많다. 어쩔 수 없는 일이다. 그러나 어쩔 수 없는 일을 따라가다보면 신약개발을 완료하기 어려워질 수 있다.

조슈아 보거는 임상개발에 대한 결정을 내리는 기준은 오직 팩트여야 하는데 팩트만에 따라 결정하려면 돈이 필요하고, 그 돈은 투자를 받는 돈이 아닌 바이오텍이 벌어들이는 매출이어야 한다고 보았다. 비록 바이오텍을 시작하고 10년이 지나서 돈을 벌 수 있을지언정, 바이오텍을 시작한 날부터 매출을 생각하는 문화를 만들어야 한다는 것이다. 실제로 버텍스는 설립한 이후부터 2024년 현재까지 34억 달러 가까이 썼지만, 17억 달러 가까이 벌어들였다. 이와 같은 매출은 버텍스가 오직 팩트를 기준으로, 다른 입장에 휘둘리지 않고 팩트만 가지고 신약개발을 이어갈 수 있는 힘이 되었을 것이다. 프로젝트를 죽이는 실험을 감행하는 결정도 가능했을 것이다.

결국 답은 바이오텍 안에 있다. '프로젝트를 죽일 수 없어 연구와 임상시험을 계속 하고 있는가?' 또는 '프로젝트가 가능한지 불가능한지 알 수 있는 연구와 임상시험만 일부러 피하고 있는 것은 아닌가?' 이런 질문에 대한 답은 바이오텍 내부 사람들이 이미 알고 있을 것이다. 좋은 바이오텍에서 위대한 바이오텍으로 가는 길은, 이런 사실에 직면하는 것을 두려워하지 않고, 이런 사실 앞에서 합리적으로 움직이는 것에서 시작된다.

제10장

말은 힘을 갖고 있다

비전과 미션을
공유하지 않는
구성원과 투자자는
친구가 아니다.

— 조슈아 보거

비전과 미션

비전(vision)과 미션(mission)은 종교적인 개념이다. 비전에는
'신이 보여주는 환상'이라는 뜻이 있다. 신이 자신의 뜻, 즉 '이
상'을 사람들에게 이미지화해서 보여주는 것이다. 평범한 보통
사람들이 신의 뜻을 이해하기 어려우므로, 신은 그들에게 구체
적인 이미지를 보여준다. 그러나 신의 뜻은 이상적인 것이기 때
문에 보통 사람들의 눈에는 여전히 현실적으로 이룰 수 없는,
환상처럼 보이기도 한다. 신의 입장에서는 당연히 이룰 수 있는
것인데도 말이다.

　미션은 비전을 이루기 위한 일에 '신이 개인을 파견하는
것'이라는 뜻이 있다. (미션에는 파견, 전파, 전달이라는 뜻이 있어,
자동차 엔진의 힘을 바퀴로 전달하는 변속기를 미션이라고 부른다.)
종교에 한정해서 본다면 신을 뜻을 널리 알리는 일이 중요하므
로, 미션은 '선교'인 경우가 많다. 그러나 반드시 선교만 미션인
것은 아니다. 신의 뜻을 이루기 위한 일에 파견되면 미션을 부
여받는 것이다. 그리고 이는 미션을 수행하는 사람의 존재 이유
가 된다.

　종교적 개념이었던 비전과 미션은 현대적인 기업으로 자
리를 옮겼다. 기업이 '미래에 되고 싶은 어떤 모습'을 비전, '이
를 위해 해야 하는 일'을 미션이라고 부르기 시작한 것이다. 그
리고 이는 바이오텍에도 마찬가지로 적용된다. 바이오텍이 최

종적으로 되려고 하는 모습은 비전이며, 이를 위해 지금 어떤 일을 해야 할 것인가는 미션이 된다.

이렇게 보면 비전과 미션은 꽤 구체적이어야 한다. 종교적인 개념으로 쓰일 때도 마찬가지였다. 신은 자신을 뜻을 구체적으로 말하려고 이미지를 보여주었다. 덕분에 신의 뜻을 이루기 위해 해야 할 일도 명확해진다. 평범한 보통 사람이라도 신의 뜻을 알고 그에 따라 행동할 수 있게 세팅한 것이다. 물론 바이오텍의 비전과 미션도 구체적이어야 한다. 아직 무언가를 개발하고 있는 바이오텍의 내부 구성원(연구자)과 외부 구성원(투자자)들은 바이오텍에서 왜 지금 이 일을 하고 있으며, 이 일로 어떤 변화가 생길 것인지 정확하게 알기 어렵다. 따라서 구체적인 비전과 미션으로 안내해야 한다.

바이오텍에서 비전과 미션이 구체적이어야 하는 이유는 또 있다. 의사결정을 내릴 때 실질적인 도움을 받을 수 있기 때문이다. 바이오텍은 현재 시장에 내다 팔 수 있는 제품 없이, 미래 시장에 공급할 제품을 개발하는 경우가 많다. 짧은 기간 동안 신약을 개발하기 어렵고, 실패도 일상적이다. 이런 조건은 바이오텍의 구성원들이 안정적이고 일관된 의사결정 내리는 것을 어렵게 만든다. 이럴 때 비전과 미션은 나침반 역할을 할 수 있다.

말과 글이 가진 실제 힘

이렇게 보면 비전과 미션, 즉 말과 글은 구체적인 힘을 갖고 있다. 한편 비전과 미션이라는 말과 글만 힘을 갖고 있는 것은 아니다. 바이오텍의 논문과 마일스톤이라는 말과 글도 그 자체로 힘을 가진다. 또한 바이오텍의 말과 글이 신약개발에만 힘을 주는 것도 아니다. 바이오텍은 말과 글을 시장에 내다 팔 수 있고, 내다 팔아야만 하기 때문이다.

거대 제약기업은 시장에서 이미 가치(value)를 인정받았다. 의료진과 환자, 보건 당국과 보험은 거대 제약기업이 만들어내는 제품과 서비스를 구매한다. 이는 거대 제약기업이 시장에서 가치를 생산하고 있다는 뜻이다.

그러나 바이오텍은 다르다. 바이오텍은 아직 상품과 서비스를 시장에 공급하지 못하는 경우가 많다. 대신 바이오텍은 목표와 수단, 과정을 시장에 공급한다. 어떤 질병을 치료하기 위해, 어떤 과학과 기술을 가지고, 어떤 임상개발을 할 것인지를 시장에서 파는데, 이 모든 것은 말과 글로 이루어져 있다. 목표는 비전과 미션, 수단은 논문, 과정은 마일스톤인데 모두 말과 글이다. 즉 시장은 바이오텍의 말과 글을 사는 셈이다. 아직 눈앞에 볼 수는 없지만, 개발해야 할 이유와 개발할 수 있는 능력과 개발해나가는 과정은 볼 수 있기에, 시장은 미래를 보고 바이오텍의 말과 글을 구매한다.

이런 점에서 버텍스와 리제네론 모두 말과 글을 훌륭하게 팔고 있는 바이오텍이다. 이 책의 각 장 도입부에 있는 말과 글은, 모두 버텍스와 리제네론의 말과 글이다. 두 바이오텍의 말과 글은 모두 모호하지 않은 목표, 정확한 수단, 투명한 과정에 대한 것이다. 이와 달리 목표가 두루뭉술하고, 수단이 정확하지 않고 계속 바뀐다면, 그리고 과정이 투명하지 않은 바이오텍이 있다면 시장은 외면할 것이다.

물론 생명과학이 아직 완벽하지 않기에 상황에 맞게 바뀌어야 하는 것은 어쩔 수 없는 일이다. 항체 약물 접합체(antibody drug conjugate, ADC) 신약개발의 사례를 보자. 타깃을 정확하게 인식하는 항체에 독성을 지닌 약물을 링커로 붙여 환자에게 투여하면, 질병을 일으키는 타깃만을 정확하게 공격할 수 있다는 ADC의 개념은 매력적이었다. 그 타깃이 암세포라면 인류의 오랜 숙제인 궁극의 암 치료제 개발도 가능해질 것이다. 그리고 타깃에 대한 정보가 쌓이고, 여기에 정확하게 도착할 항체 제작기술이 발전하고, 약물과 항체를 결합시킬 수 있는 링커 기술이 발달하자 ADC 치료제라는 컨셉으로 임상개발에 들어갔다.

어떤 개념이든 처음 신약으로 개발되기 시작하는 단계에서는 어려움을 겪는다. 초기 ADC는 의약품이 균질하게 생산되지 않고, 링커가 치료 부위에 도달하기 전에 분리되면서 예상하지 못했던 강력한 독성을 나타내는 등 여러 가지 문제점이 있었다. 이 가운데 주변효과도 있었다. 타깃에 도착한 ADC가 약물로 해당 타깃을 공격했는데, 약물이 타깃 주위에도 영향을 준 것이다. 그리고 연구자들은 주변효과를 잡기 위해 노력했다. 주변효과로 정상 세포가 공격받을 수 있을 것이라 생각했기 때문이다. 이는 ADC 개발에서 극복해야 할 중요한 문젯거리로 토론되기도 했다.

결국 여러 가지 문제로 ADC 임상개발은 주춤해졌다. 그리고 이런 분위기 속에서 엔허투(ENHERTU®, 성분명: Trastuzumab deruxtecan)가 개발되었다. 엔허투는 유방암에 효과적인 치료 효능을 보여준 항체 치료제인 허셉틴(HERCEPRIN®, 성분명: Trastuzumab)에 화학항암제를 접합시킨 전형적인 ADC였다. 엔허투는 허셉틴보다 효과가 좋았는데, 엔허투의 임상시험 결과 발표를 지켜본 연구자들은 모두 자리에서 일어나 기립박수를 칠 정도였다.

그런데 엔허투의 장점 가운데 그동안 ADC의 단점이라고 여겨졌던 주변효과가 포함되어 있었다. 암세포에 도달한 엔허투에 접합되어 있던 화학항암제가 암세포를 파괴한 이후 사라지지 않고 옆에 있는 주변 암세포를 없앴는데, 이로 인해 엔허투의 효능이 높아진 것이다. 불과 몇 년 전까지만 해도 없애야 할 단점이라고 여겨지던 ADC의 주변효과가 정작 중요한 효능을 나타내는 요소였던 것. 우리는 많이 아는 것 같지만, 아직 모르는 게 많다. 이렇게 과학이 앞으로 나아가면서 모르던 것을 채워가는 과정에 목표(비전과 미션), 수단(과학), 과정(마일스톤)에 대한 말이 바뀌어갈 수는 있다. 그러나 어떤 경우에도 모호하거나, 부정확하거나, 불투명할 일은 아니다.

바이오텍에서 말은 실제로 힘을 가진다. 신약개발 현장에서 과학을 중심으로 연구자와 연구자, 팀과 팀, 프로젝트와 프로젝트 사이에서 유기적 협업을 이끌어낼 수 있는 구체적이고 표준화된 정답은 없다. 유일한 방법은 연구자들, 팀들, 프로젝트들이 비전과 미션에 합의하고, 수단과 과정을 공유하며 문제를 풀어가는 것이다. 그리고 이는 말을 어떻게 하고 조직할 것이냐의 문제다. 바이오텍의 모든 구성원은 자신들이 왜, 어떤 일을 하고 있는지 알고 있어야 하며, 구체적인 목표를 함께 가지고 있어야 한다. 의미 있는 협업은 이때 일어날 수 있다.

바이오텍의 말과 글이 힘을 가질 수 있게 정비되면 리제네론이나 버텍스처럼 굴러갈 수 있을 것이다. 리제네론의 얀코풀로스는 바이오텍 안에 있는 연구 그룹 사이에 벽을 없애기 위한 노력이 중요하다고 말한다. 그는 처음에 자신의 지도교수인 프레더릭 알트의 연구실을 떠나기 싫어했다. 프레더릭 알트의 연구실은 30명 정도의 박사후과정 연구자들이 모여, 서로 각자의 연구를 하지만 협력과 응원을 아끼지 않았고, 연구실에서는 토론이 끊이지 않았다고 한다. 얀코풀로스는 천국(?)과도 같은 연구실 분위기를 떠나기 싫었던 것이다. 그리고 그는 리제네론에 합류하면서 같은 분위기를 만들려고 노력했다.

리제네론에서는 연구 그룹이나 직급과 상관없이 모든 과학자가 모여 매일 서로의 사이언스에 대해 몇 시간씩 검토하는 미팅을 한다. 미팅의 목표는 프로젝트에 대해 서로 어떻게 도울 수 있는지를 찾는 것이다. 아이디어를 줄 수도 있고, 다른 그룹이 필요한 일을 도와줄 수도 있다. 또한 어떤 약, 물질, 프로젝트에 대해 궁금하면, 개발자를 바로 찾아가 물어볼 수 있는 구조 또한 가지고 있다.

이런 구조를 지키기 위해 리제네론에서는 '뛰어난 스타를 승진시키지 않는다. 팀이 더 잘되게 하고 다른 사람이 하지 않는 궂은 일을 하는 사람, 그리고 다른 구성원을 도와 목표를 이루게끔 해주는 사람을 리더로 승진'시킨다고 한다.

리제네론에서는 신약개발에 도달하거나 타깃을 규명한 과학자가 후속 연구를 진행할 권리도 갖는다. 보통이라면 이 단계가 되면 프로젝트는 다음 단계 팀으로 넘어가거나, 다른 기업으로 넘어간다. 그러나 리제네론에서는 연구자가 끝까지 참여할 수 있게 보장한다. 리제네론의 슐라이퍼는 '(개발 중심의) 버추얼 바이오텍(virtual biotech)은 이상한 구조'라고 비판한다. '신약개발에서 가장 큰 취약점(weaknesses)은 발굴에서 전임상, 전임상에서 임상개발, 임상개발과 제조, 허가, 상업화 조직이 모두 나뉘어져 있고, 다음 단계로 넘어갈 때 지식이 전달되지 않는 비효율적 구조다. 이와 같은 전환 과정을 컨트롤하지 못한다면 비효율성은 더욱 커지며, 개발 기간은 길어진다'고 말한다.

버텍스의 비전과 미션의 뿌리는 미국 머크에 있다. 미국 머크의 실질적인 시작이었던 조지 머크(George Merck)는 '환자에게 얼마나 도움이 될 수 있을 것인가'를 강조했다. 제약기업의 사명은 '돈을 버는 것이 아니라 환자에게 혜택을 주는 것'이며, '정말 환자에게 혜택을 줄 수 있으면 돈은 저절로 따라올 것'이라는 것이었다.

그리고 머크에서 일했던 조슈아 보거는, 머크의 사명은 이어받으면서 머크보다 더 좋은 신약을 더 좋은 방식으로 개발하기 위해 버텍스를 시작했다. 버텍스는 신약을 개발해 투자자에게 돈을 벌어줄 수는 있지만, 투자자에게 돈을 벌어주기 위해 바이오텍을 하지 않는다고 선언한다.

CF처럼 환자 수가 적은 희귀질환 치료제 개발에 뛰어드는 것도 이런 비전과 미션을 지키기 때문이다. 그리고 비전과 미션을 지켰기에 감히 완치를 내다볼 수 있는 신약개발을 이어갈 수 있었고, 환자의 삶을 구해낸다면 돈은 저절로 따라올 것이라는 법칙도 확인했다. 어쩌면 바이오텍의 위대함은 말과 글을 지키는 것에서 시작하고 끝나는 것인지도 모른다.

제11장

과학이어야 하고
과학자여야 한다

연구자들은 돈만 보고
바이오텍에 오지 않는다.
그들은 환자를 치료할 수 있는
약을 만들고 싶다는 이유만으로
바이오텍에 오는 것도 아니다.
연구자들은 과학을 하고 싶어서
바이오텍으로 온다.
그러니 과학을 할 수 있게
해줘야 한다.

— 조지 얀코풀로스

과학자가 필요하다

취재를 하다 보면 바이오텍의 홈페이지에 자주 가게 된다. 그리고 국내외 여러 바이오텍의 홈페이지에 들어가면 특정한 패턴이 보인다. 예를 들어 홈페이지에서 가장 눈에 잘 띄는 곳에 어떤 항목을 배치하느냐가, 그 바이오텍의 성격을 보여준다.

리제네론 홈페이지에서 가장 잘 보이는 곳에 있는 항목은 '사이언티스트(SCIENTISTS)'다. 홈페이지 사용자는 이 항목에서 리제네론이 설립된 이후부터 지금까지 35년 동안 출판된 모든 논문목록을 검색할 수 있다. 리제네론의 얀코풀로스는 '슐라이퍼가 나에게 논문을 자유롭게 쓸 수 있게 해주었다. 이것이 바로 리제네론이 젊고 훌륭한 과학자를 끌어들이는 방식'이라고 말한다. '리제네론이 출판하는 과학 논문이 브랜드를 만든다. 이 브랜드는 젊고 열정적인 과학자를 사로잡는다. 그들은 단지 돈을 많이 벌기 위해서 또는 치료제를 개발하기 위해서가 아니라, 정말로 과학을 하고 싶어서 바이오텍으로 온다. 그러니 그들은 자신의 과학을 논문으로 출판할 자유까지 가져야 한다'는 것.

그래서인지 홈페이지에 공개된 논문을 살펴보면, 리제네론의 주요 프로젝트로 알려진 것들과는 거리가 있어 보이는 논문들이 꽤 있다. 그러나 너무 복잡하게 생각할 필요는 없다. 그저 기초과학 연구가 더 필요하다고 생각했을 것이다.

한편 논문을 이렇게 공개하는 것도 특별한 일이다. 이런 식의 정보 공개가 비영리 목적의 연구실이 아닌 기업 연구실에서 흔히 볼 수 있는 일은 아니기 때문이다. 중단되었거나 실패한 프로젝트에도 정보가 담겨 있다. 자신들이 갖고 있는 정보를 이런 식으로 외부에 공개하는 것이 기업 입장에서 쉬운 결정은 아니다.

그러나 리제네론은 연구자들의 노력과 과학을 존중하는 가장 좋은 방법으로 논문 발표를 고른 듯하다. 연구자와 연구팀이 최선을 다해 연구에 임했다면, 그것에 대한 공개적인 인정과 지지가 있어야 할 것이다. 논문 출판과 자체 아카이빙은, 과학과 연구자를 인정하고 지지하는 가장 좋은 방법이다.

이런 이유에서인지 리제네론은 과학자들이 가장 일하고 싶어 하는 회사로 유명하다. 리제네론은 『포춘(Fortune)』이 뽑은 '가장 일하기 좋은 100개 기업'에 2015~2022년 연속 선정되었다. 또한 2022년 『포브스(Forbes)』에서 꼽은 미국 내 가장 일하기 좋은 기업, 그 외에도 여러 지표에서도 과학자가 일하기 좋은 기업으로 선정됐다.

버텍스도 과학자를 존중한다. 버텍스 구내 식당 벽에는 버텍스가 개발한 신약의 도움으로 치료 효과를 본 어린이들이 그린 그림들이 걸려 있다. 그리고 이 가운데 버텍스의 칼리데코 덕분에 CF를 치료하고 목숨을 구한 환자가, 자신의 발등에 칼리데코 구조식 문신을 한 사진도 있다. 그 사진 옆에는 칼리데코 개발에 참여했던 과학자들에게 받은 사인이 함께 전시되어 있다. 바이오텍에서 일하는 과학자에게 우리는 어떤 보상을 해 줄 수 있을까? 버텍스는 신약개발을 환자의 생명을 구하는 일이라고 여기고 있고, 그 일의 주인공이 과학자임을 드러내고 있다. 그리고 과학자를 영웅으로 대접하고 그에 걸맞는 존경을 표시하는 것은, 구내식당 벽에 걸린 작은 사진 하나에서부터 시작한다.

버텍스와 리제네론에서 '과학자가 중요하다'고 할 때의 과학자는 '연구라는 특별한 임무를 맡은 사람'을 뜻하는 것이 아니다. 바이오텍을 경영하는 데 '과학자적 리더십'이 중요하다는 뜻이기도 하다. 제약기업에서 최고 경영을 마케팅 전문가나 일반 기업 전문경영인 출신이 맡는 경우가 많다. 제약기업이 현재 시장에서 상품을 판매하고 있다는 점에서 보면, 마케팅 전문가나 전문경영인이 경영적 판단을 하는 것이 자연스러운 일이다.

그러나 바이오텍은 다르다. 예를 들어 어떤 프로젝트 진행 여부를 결정할 때 NPV(net present value)를 따져봐야 하는데, 바이오텍에서는 이 과정에 '과학에 대한 판단'이 들어가야 한다. 과학적으로 타당한지, 과학적으로 가치가 있는지를 판단해야 한다. 사실상 바이오텍이 신약을 개발해 천문학적 규모의 매출을 일으키는 일은, 뛰어난 전문성을 지닌 마케터나 관리자라도 상상하기 어려운 일이다. 버텍스의 칼리데코, 리제네론의 아

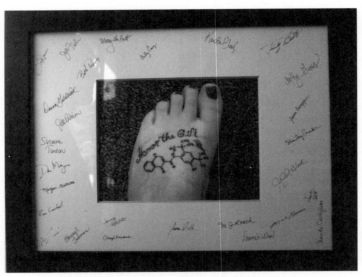

버텍스 식당벽에 걸려 있는 이 사진에는 누군가의 발등과 그 위의 알 수 없는 화학식이
보인다. 발등의 주인공은 CF에 걸린 환자이며, 의문의 화학식은 CF 치료제인 칼리데코의
화학식이다. 칼리데코로 생명을 구한 환자가 자신의 발등에 칼리데코의 화학식을 문신으로
새겨 넣은 것이다. 신약을 개발한다는 것이 환자에게 어떤 의미인 것인지 생각해보게 해주는
사진이다.

그런데 사진을 둘러싸고 있는 서명들이 보인다. 이 서명은 칼리데코를 개발하는 데 참여한
연구자들의 서명을 직접 받은 것이다. 그래서 이 사진은 바이오텍이 과학자와 연구자를
존중하고 존경한다는 것이 어떤 의미인지를 생각하게 해주는 사진이기도 하다.

일리아와 듀피젠트 모두 이 정도 상업적 성공을 거둘 수 있을 것이라 예측하지 못했다. 과학을 하기 위한 시간의 길이, 비용의 규모, 연구 결과에 대한 평가 모두 과학자가 판단할 수 있는 영역이다.

과학이 필요하다

바이오텍은 보통 연구자가 설립한다. 이 연구자는 대학이나 제약기업에서 연구했던 경험이 있을 것이다. 그는 버텍스의 조슈아 보거와 제프리 라이덴, 리제네론의 슐라이퍼, 얀코풀로스와 바젤로스처럼 그곳에서의 연구에 한계를 느꼈을 것이다. 그리고 그 한계를 극복하고 자신의 과학을 하려고 바이오텍을 택했을 것이다.

그런데 한계를 뛰어넘는 연구를 하려고 바이오텍을 선택했지만, 많은 경우 바이오텍에서 다시 한계에 부딪힌다. 아마 그는 진짜 과학으로 신약을 개발하려고 했지만, 투자를 받기 위해 핫(hot)한 아이템을 따라다녀야 할지도 모른다. 트렌드를 따르다보면 개발하는 것들이 계속 늘어난다. 그러는 사이 '우리 힘으로 신약을 개발해보자'고 의기투합했던 연구자 동료들이 하나둘씩 다른 바이오텍이나 제약기업으로 옮긴다.

이제 시간을 노력으로 버티면서 몇 년이 흘렀다. 파트너십과 계약을 맺고, 특허를 내고, 안정적인 투자 유치도 달성했다.

그런데 바이오텍을 시작할 때 개발하려고 마음을 먹었던 신약은 어떻게 되었을까? 최선을 다해 좋은 바이오텍이 되었지만, 왠지 신약을 개발해내는 위대한 바이오텍과는 좀더 멀어진 것만 같은 기분이 든다.

버텍스와 리제네론이 어떻게 신약을 개발했는지 살펴본 이야기는, 어느 정도는 각색되었을 것이다. 여기에는 버텍스와 리제네론에 대한 나의 선입견도 작용했을 것이다. 나는 두 바이오텍의 모델이 이상적이라고 생각한다. 두 바이오텍을 분석할 때 나의 관점이 분명히 반영되었을 것이고, 이에 따른 과장이나 왜곡도 있을 것이다.

한편 두 바이오텍에 대한 내용 가운데는 버텍스와 리제네론이 공개한 자료를 바탕으로 한 것도 많다. 그리고 자신들의 이야기를 100% 객관적으로 발표하는 기업은 없을 것이다. 잘된 것은 더 드러내고, 잘못한 것은 감추려고 하는 것은 자연스럽다.

무엇보다 버텍스와 리제네론은 현재 진행형의 바이오텍이다. 두 기업이 오늘까지 이뤄낸 성과가 분명하지만, 내일 무슨 일이 어떻게 될지는 모르는 일이다. 이 책의 모티프가 되었던 짐 콜린스의 『좋은 기업을 넘어 위대한 기업으로(Good to Great)』에서 소개된 위대한 기업들은, 지금 그다지 위대하지 않은 기업들이다. 버텍스와 리제네론도 앞으로 어떻게 될지는 정말 아무도 모르는 일이다.

그럼에도, 이 모든 위험을 감수한다고 해도, 버텍스와 리제네론이 과학에 미쳐 있는 것만은 사실이다. 물론 현장에 나가보면 꽤 많은 바이오텍이 과학에 진심인 것을 보게 된다. 그러나 과학에 진심인 좋은 바이오텍이 많지만, 과학에 미쳐 있는 위대한 바이오텍은 드물다. 좋은 바이오텍이 많을수록 좋은 바이오제약 산업의 생태계가 만들어지지만, 결국 신약을 만들어내는 것은 버텍스와 리제네론처럼 소수의 위대한 바이오텍이다. 그리고 좋은 바이오텍과 위대한 바이오텍을 가르는 기준은, '과학에 진심이냐'와 '과학에 미쳐 있냐'의 차이일 것이다.

　　버텍스와 리제네론은 대부분의 바이오텍들과 비슷하게 시작했고, 비슷한 성공과 비슷한 실패를 경험했다. 버텨야 했던 시간과 쏟아야 했던 노력도 비슷했다. 다만 두 바이오텍과 다른 바이오텍들 사이의 차이는, 어떤 의사결정을 내릴 때 한 번 더 '과학'을 생각했는지 아닌지의 차이였다. 바이오텍을 맨 처음 시작했을 때 또는 바이오텍에서 신약을 개발하겠다고 결정했을 때, 누구나 갖고 있었던 마음. '과학으로 신약을 만들겠다'는 마음을 얼마나 오랫동안 유지하며 지켜내는지가, 좋음과 위대함의 차이를 만들어내는 단 하나의 차이일 것이다.

마치며

**좋은 바이오텍에서
위대한 바이오텍으로**

신약개발은 과학 비즈니스이고,
바이오텍에는 과학자적 리더십이
필요하다.

좋음과 위대함

귀하고 성스러운 것을 가리킬 때 '거룩'이라는 말을 쓴다. '거룩하다'는 '다르다' '구분된다'는 뜻의 히브리어를 번역한 것이라고 한다. 이 번역에 따르면 흔하게 하는 행동을 하지 않거나, 흔하게 하지 않는 행동을 한다면 '다르고' '구분'되므로, 이런 행동을 '거룩하다'고 부를 수 있다. 그래서 게으름을 부리지 않거나, 원칙을 지키며 자신의 일에 매진하는 일은 별 것 아닌 것 같지만 거룩한 일이다. 귀하고 성스러운 일이며, 위대한 일이기도 하다.

이 책에서는 버텍스와 리제네론을 위대한 바이오텍이라 부르기로 했다. 앞으로의 일은 아무도 모른다. 영원한 것은 없기에 두 바이오텍 모두 문을 닫는 날이 올지도 모른다. 그러나 2024년 현재 버텍스와 리제네론은 분명 위대한 바이오텍이다. 두 바이오텍은 보통의 바이오텍이나 제약기업이 하지 않는 방식으로 신약을 개발하기 때문이다.

설립한 지 30여 년이 지나면서 버텍스와 리제네론은 시가총액 1,000억 달러를 넘어섰다. 두 바이오텍보다 규모가 몇 배, 몇십 배 큰 거대 제약기업들의 시가총액보다도 높다. 돈이 모든 것을 설명해주지는 않지만, 돈이 꽤 많은 것을 가리키는 것도 사실이다. 시장은 두 바이오텍의 가치를 아주 높게 평가하고 있다. 물론 바이오텍이라면 신약을 개발해야 한다. 두 바이오텍은 오직 과학만을 바탕으로 남들이 잘 쳐다보지 않는 희귀질환 치료제를 연이어 개발해냈는데, 신약개발 방식의 틀을 끊임없이 바꿔나가는 중이기도 하다. 그리고 이것이 버텍스와 리제네론을 위대한 바이오텍이라고 부르기로 한 이유였다.

버텍스와 리제네론도 처음에는 평범한 바이오텍이었다. 선한 의지로 과학과 기술을 발전시켜 신약을 개발하려는, 대부분의 좋은 바이오텍과 출발이 비슷했다. 그런데 어느 순간 버텍스와 리제네론은 좋은 바이오텍에서 위대한 바이오텍이 되어 있었다. 도대체 어떻게 좋은 바이오텍에서 위대한 바이오텍이 될 수 있었을까? 우리가 그들의 시작부터 지금까지를 모두 살펴보았다고는 말하기 어렵다. 그럼에도 버텍스와 리제네론은 계속 시도하고, 그 와중에 계속 실수했지만, 다시 시도하기를 멈추지 않았다는 것을 확인할 수 있었다. 여기에 더해 '과학으로 환자를 살리는 신약을 만든다'는 원칙을 버리지 않았다는 것도 살펴볼 수 있었다. 게으름을 부리지 않고 원칙을 지키며, 자신의 일에 매진하는 일은 별 것 아닌 것 같지만 거룩한 행동이었다. 귀하고 성스러운 일이며, 위대한 일이었다.

이 책은 혁신이라는 추상적인 개념을 현실에서 어떻게 구체적으로 구현할 것인가에 대한 궁금증에서 시작한 작업이었다. 혁신을 설명하고 정의하는 여러 가지 말들이 있지만, 피부에 와닿게 설명하기도 이해하기도 어렵다. 그에 비해 신약개발은 구체적이다. 신약개발을 살펴보면 혁신이라는 추상적인 개념을 구체적으로 이해하고 설명할 수 있을 것이다. 버텍스와 리제네론을 살펴본 것은 이들이 신약을 만들게 된 구체적인 과정에서 '혁신이란 무엇인가'이라는 질문에 대한 답을 정리할 수 있을 것이라 생각했기 때문이다. 혁신의 모델을 구성하고, 혁신을 위한 디테일을 찾을 수 있을 것이라는 기대였다. 그리고 두 바이오텍에서 찾은 혁신의 모델과 디테일은 위대함이었다. 당연한 것을 당연하게 실행하고, 중요한 것을 중요하게 받아들이고, 해야 할 일을 하는, 모두가 알고 있지만 대부분 지키지 못하는 행동, 즉 위대함이었다.

버텍스도 리제네론도, 설립했던 첫날부터 지금까지 매일매일 실패를 경험했다. 20~30년이라는 짧지 않은 시간이었다. 도대체 버텍스와 리제네론은 이 많은 실패한 날들을 어떻게 버틸 수 있었을까? 그런데 책 작업이 마무리되어갈 때가 되자 질문이 틀렸다는 것을 알게 되었다. 버텍스와 리제네론은 실패한 시간을 버텨내는 특별한 마법을 가진 것이 아니라, 과학을 제대로 이해했기에 매일 조금씩 성공하고 있었다. 가설을 잘못 세웠고, 잘못된 가설에 따라 연구했다면, 그래서 실패한 것을 알게 되었다면 다시 하면 된다. 다시 가설을 세우고 다시 연구를 제대로 하면 될 뿐이다. 이렇게 매일을 되풀이하다보면 어느 순간 신약을 개발한 바이오텍이 되어 있는 것이다. 운이 좋다면 바이오텍을 시작하고 얼마 지나지 않아 과학을 성공시키겠지만, 운이 나쁘다고 해서 실망할 일도 아니다. 버텍스도 리제네론도 20~30

년이라는 시간을 쓴 것을 보면, 그리 운이 좋은 편은 아니었던 것 같다.

걱정할 것은 '운'이 아니라 '제대로'다. 버텍스와 리제네론은 실패한 물질, 타깃, 메커니즘은 과감히 죽이고 새로 시작했다. 심지어 질환까지도 바꾸었다. 이는 버텍스와 리제네론이 제대로 과학을 하고 있었기 때문이었다. 제대로 과학을 하고 있었기에 무엇이 어디서 어떻게 잘못되었는지 확인할 수 있었고, 확인할 수 있었기에 수정하거나 포기하는 결정을 내릴 수 있었다. 만약 제대로 하고 있지 않았다면 과학이 아닌 다른 판단에 기대야 했을 것이다. 신약개발의 트렌드, 여러 이해관계자들의 목소리에 따른 판단 말이다. 그리고 과학이나 팩트에 근거한 결정이 아니라면 불안에 사로잡혀, 매일 무슨 일을 해야 할지 우왕좌왕했을 것이다. 만약 버텍스와 리제네론이 과학과 팩트에 따라 결정하지 않았다면, 20~30년이 지났다고 해서 나아진 것은 없었을 것이다. 운은 기다리면 결국 찾아오지만, 시간은 흘러가면 다시 오지 않는다.

돈

책을 준비하면서 알게 된 것 가운데는 버텍스와 리제네론이 설립되던 때, 그들이 처한 상황이 2024년 한국의 바이오텍들이 처한 상황과 비슷했다는 것도 있었다. 버텍스와 리제네론이 시작할 때 즈음 이미 제넨텍이라는 빛나는 바이오텍이 있었다. 제넨텍은 첨단 생명과학, 생명공학을 가지고 신약을 내놓으면서 주목을 받았다. 그리고 제넨텍과 두 바이오텍 사이에는 20년 정도의 시차가 있었다.

제넨텍과 두 바이오텍 사이에 20여 년 정도의 시차가 있었다면, 미국의 바이오 신약개발과 한국의 바이오 신약개발 사이에도 20여 년 정도의 차이가 있다. 이와 같은 시차는 묘한 장면을 연출한다. 미국에서 생명과학, 생명공학을 바탕으로 한 신약개발에 돈이 몰리는 버블이 생기고 꺼지기를 반복하는 가운데 버텍스와 리제네론이라는 신생 바이오텍이 처했던 상황은, 바이오 붐이 일고 가라앉기를 되풀이하는 한국의 풍경과 묘하게 겹친다.

나의 일은 매일 미국과 한국의 바이오 신약개발 현장을 살펴보는 것이다. 미국 바이오 제약 업계에서 벌어지고 있는 화려한 성과들에 감탄하면서도, 물리적인 시간 차이를 극복려고 애를 쓰는 한국 바이오텍들의 고단함을 함께 본다. 그리고 자칫 비관적인 느낌에 빠지기도 한다. 도무지 극복하기 어려울 것만 같은 이 간격을 메울 수 있는 방법이라는 것이 있을까? 그런데 버텍스와 리제네론의 이야기를 찾아보면서 비관론은 낙관론으로 바뀌기 시작했다. 버텍스와 리제네론도 어찌 보면 뒤늦게 출발한 바이오텍이었다. 그러나 매일매일 한 걸음씩 앞으로 나아갔고, 결국 가장 앞선 바이오텍이 되었기 때문이다. 이제 남는 것은 방법이다. 버텍스와 리제네론이 '어떻게 위대해질 수 있었나?'에 대한 답만 찾으면, 한국의 바이오텍들이 정말 버텍스와 리제네론처럼 되는 날을 기대해볼 수 있을 것이다.

버텍스와 리제네론은 돈을 중요하게 생각했다. 바이오텍을 시작하는 첫날부터 매출을 고민해야 한다는 버텍스의 조슈아 보거의 말이 이야기하는 바는 컸다. 조슈아 보거에 따르면 바이오텍은 언젠가 개발할 신약이 벌어들일 돈을 조금 앞당겨 쓰는 기업이 아니다. 따라서 바이오텍은 연구와 개발에만 충실하고, 돈 문제는 투자자가 해결하는 식의 역할 분담으로는 신약을 개발할 수 없다. 투자자가 느끼는 시간과 돈은, 바이오텍이 생각하는 시간과 돈과 차이가 매우 크다. 따라서 바이오텍도 돈을, 매출을 고민해야 한다. 버텍스는 20년 동안 34억 달러의 비용을 썼다. 그러나 이 기간 동안 17억 달러를 벌어들였다. 만약 버텍스가 매출을 일으키지 못했다면, 이 정도 규모의 R&D를 지속할 수 없었을 것이다.

신약개발에 10년, 20년, 30년이라는 시간과 천문학적인 개발 비용이 들어간다는 것을 모르는 사람은 없다. 그러나 투자자는 그 시간과 돈을 모두 감당할 수 없다. 투자자가 가장 적은 비용으로, 최대한 빨리 경제적 이득을 얻으려고 하는 것이 당연하다. 투자자의 시간과 돈이 바이오텍의 신약개발을 결정하게 되면, 과학에 근거한 신약개발과 바이오텍 경영은 어려워진다. 과학의 변화가 아닌 다른 변화에 따라 바이오텍이 움직이고, 신약개발이라는 목표와는 거리가 점점 멀어질 것이다. 머크라는 대형 제약기업을 경험했던 조슈아 보거는 단호하게 말했다. 비록 10년 후에 실제 매출이 생길지언정 바이오텍을 설립한 그날부터 매출을 생각해야 한다는 그의 말은, 그렇게 하지 않으면 과학에 따른 신약개발은 포기해야 할 것이라는 경고였다.

돈에 있어서 리제네론도 크게 다르지 않았다. 의사 출신 레너드 슐라이퍼, 야심만만한 과학자 조지 얀코풀로스, 제약업계의 백전노장 로이 바젤로스 모두 돈을 중요하게 여겼다. 이는 부자가 되기 위해서가 아니었다. 돈이 있어야 과학적으로 바이오텍을 운영하고 과학적으로 신약개발을 할 수 있기 때문이었다. 돈을 중요하게 여겼다는 것은 리제네론이 거대 제약기업과 맺는 파트너십 계약에서 잘 드러난다. 리제네론은 50:50 원칙을 지킨다. 그들은 개발하고 있는 물질과 플랫폼을 현재 가치로 환산해 팔지 않는다. 신약으로 개발되었을 때의 미래 가치를 기준으로 50:50 계약을 맺는다. 적당히 좋은 값에 물질과 플랫폼을 넘긴다면, 결코 그 돈으로 새로운 신약개발에 들어가는 비용을 감당할 수 없을 것이라고 본 것이다. 실패할 위험을 감수하더라도 성공했을 때의 미래 가치를 유지해야만, 즉 제값을 받아야만 다음 신약개발 그 다음 신약개발로 넘어갈 수 있다.

문화

돈이라는 답을 찾았다. 돈이 있다면 버텍스와 리제네론처럼 될 수 있을까? 그렇지 않다. 문화가 없다면, 버텍스와 리제네론처럼 되기 어려울 것이다. 취재를 위해 전 세계의 바이오텍이 모이는 ASCO, AACR, ESMO와 같은 학회에 가는 것는 너무 힘들지만, 정말 흥분되고 즐거운 일이다. 학회에 온 크고 작은 바이오텍은 포스터를 한 장 붙여놓고는 어마어마한 토론을 벌인다. 아주 작은 과학적 성과를 앞에 두고 벌이는 토론이다. 그러나 새로운 과학이 담긴 포스터에서는 정형화된 패턴을 찾기 어렵다. 연구 디자인, 실험, 결과 모두 지난번과는 조금이라도 달라진 포맷으로 소개된다. 비슷한 분야에서 신약을 개발하고 있든 전혀 다른 분야에서 신약을 개발하고 있든, 발표자와 청중은 질문과 답변을 주고받는다.

이런 토론에서 가장 흥분되는 순간은, 누군가 '왜 이런 연구를 했으며, 왜 이런 방식으로 했는지'를 물어볼 때다. 작은 포스터 한 장에 담긴 연구를 위해, 그 앞에 했던 수많은 고민과 실패에 대한 이야기가 나오고, 기를 쓰고 찾아낸 새로운 과학이 지금의 문제를 어떻게 해결해줄 수 있을 것인지 상상하게 해준다. 청중은 끊임없이 궁금한 점을 묻고, 비판과 조언과 응원을 담은 토론이 즉석에서 이루어진다. 그리고 '신약이 개발되는 현장은 바로 여기구나'라고 느낄 수 있다.

학회가 주는 흥분은 여기서 멈추지 않는다. 학계의 권위자든 이제 막 뛰어든 초보 연구자든, 전 세계적 규모의 제약기업 담당자든 아주 작은 바이오텍의 실무자든, 의사를 비롯한 임상 의료진이든 학회가 열리는 컨벤션의 문이 열리기 전부터 와서 기다린다. 한참을 기다려 심포지엄에 참여하고, 궁금한 것을 참지 못한 비영어권 국가 출신 연구자가 어눌한 영어로 질문을 던져도 기꺼이 답을 해주며 토론을 벌인다. 이런 장면을 보고 있으면, 왜 이 곳에서 신약이 개발되고 있는지 어느 정도는 알게 된다.

이것은 과학을 하는 문화다. 학회에 참여하는 모든 이들은 환자의 삶을 나아지게 만들고, 질병을 치료할 수 있는 과학에 갈증을 느낀다. 학회는 트렌드를 느낄 수 있는 견문의 장이나 단순한 네트워킹의 장이 아니며, 의례적으로 참가하는 행사도 아니다. 왜 신약을 개발하는지에 대한 고민을 품은 사람들이, 아주 작은 답이라도 찾기 위해 모여, 간절하게 질문을 하고 답을 듣는 자리다. 답을 찾을 수만 있다면 불구덩이라도 뛰어드는 것이 과학자이니, 학회가 뜨겁지 않다면 그것이 오히려 이상할 노릇이다.

조슈아 보거는 머크보다 신약을 잘 개발할 수 있는 문화를 만들고 싶어 버텍스를 설립했다. 관료적인 연구 문화로는 신약을 개발할 수 없다고 보았고, 연구실 본래의 모습을 되찾으려고 했다. 프로젝트와 프로젝트 사이의 벽을 없애고, 연구자들은 서로의 연구를 함께 공유하며 답을 찾아가고, 과학적인 리더십을 발휘하는 연구자가 자연스럽게 전체 연구를 총괄해가는 문화를 만들려고 했다.

조슈아 보거를 이은 제프리 라이덴은 버텍스가 이미 어느 정도 성과를 내고 있던 인간 면역결핍 바이러스(HIV), C형 간염 바이러스(HCV) 치료제 분야를 접고, 낭포성 섬유증(CF) 신약개발로 방향을 틀었다. 희귀 유전병으로 분류되는 CF 치료제 개발로 방향을 돌린 것은, 버텍스가 과학적으로 가장 잘 할 수 있는 것을 하기로 한 결정이었다. 남들과 경쟁하는 과학도 있지만, 나만 할 수 있는 것을 하는 과학도 있다. 제프리 라이덴은 버텍스에 후자가 맞다고 판단했다. CF 치료제를 연이어 개발해 낸 버텍스의 구내식당에는, 버텍스가 개발한 CF 신약인 칼리데코로 목숨을 구한 어떤 환자가 자신의 발등에 칼리데코의 화학식을 문신으로 새긴 사진이 걸려 있다. 그리고 그 사진 주변에는 칼리데코 개발에 참여한 과학자들을 존경하고 존중하는 마음을 담아, 개발자들의 서명을 함께 받아두었다. 과학을 하는 문화를 끊임없이 만들어가고 있는 것이다.

리제네론도 과학을 문화로 만들어왔다. 제대로 된 연구를 하게 해주겠다는 레너드 슐라이퍼의 제안을 받고서야 조지 얀코폴로스는 리제네론에 합류했다. 이제는 은퇴해서 명예만 누려도 충분할 나이의 로이 바젤로스는, 다시 위험을 끌어안아야 하는 과학을 하고 싶어 리제네론으로 왔다. 어딘가에 팔기 위해 플랫폼을 개발하지 않고 리제네론 자신들의 신약개발 연구에 활용하려고 플랫폼을 개발하는가 하면, 정부가 돈을 들여 할 법한 기초과학에 가까운 연구소에 기꺼이 큰 자원을 투여한다. 그리고 리제네론 연구자들이 자신의 연구를 자유롭게 출판할 수 있게 허락하며, 심지어 리제네론 홈페이지 첫 화면에 이를 공개한다. 리제네론은, 과학을 하고 싶어 하는 이들에게 과학을 할 수 있게 해주면 신약은 자연스럽게 개발될 것이라는 도덕 교과서 같은 말을 증명해냈다.

버텍스와 리제네론의 과학에 대한 태도, 학회장에 이른 아침부터 몰려들어 여기저기 뛰어다니는 바이오텍과 거대 제약기업의 C레벨 임원부터 말단 연구자, 이 모든 것은 돈으로만은 해결할 수 없는 문화다. 그리고 이런 문화가 좋은 바이오텍을 위대한 바이오텍으로 만드는 동력이다.

마지막으로 한국 바이오텍의 시간과 일과 과학을 응원하는 마음을 담아, 우리 바이오텍이 신약을 개발하기를 바라는 관중(spectator)의 입장을 적어보려고 한다.

'내가 어떤 투자 앞에서 주저된다면, 그것은 투자하려는 것에 위험이 크기 때문이 아니다. 투자하려는 것에 가치가 작기 때문이다. 가치가 크다면 위험은 무릅쓸 수 있지만, 가치가 작다면 언제 빠져나가야 할지를 놓고 내내 불안할 것이다.

신약개발에서 가치는 과학이다. 과학이 있다면 위험을 무릅쓰고 투자할 것이지만, 과학이 없다면 내내 불안할 것이다. 버텍스도 리제네론도 모두 과학 앞에서 위험을 무릅썼던 바이오텍이다. 이를 위대함이라고 부른다면, 인류는 이 위대함에 빚지고 있는 셈이다. 사람을 정말 살려내는 과학의 가치 앞에, 위대한 한 발자국을 낸 이들에게 말이다. 그리고 이 위대함에 기꺼이 투자할 것이다.'

참고문헌

* 보통 참고문헌을 가나다순 또는 영어 알파벳 순서에 맞춰 정리하지만, 버텍스와 리제네론의 설립부터 현재까지를 다룬 책이니만큼 오래된 연도순으로 정리했다.
* 필자가 쓴 버텍스와 리제네론에 대한 『바이오스펙테이터』 기사는 그 양이 너무 많아 모두 정리할 수 없었다. http://www.biospectator.com 검색창에서 '버텍스', '리제네론'으로 검색하면 관련 기사를 찾을 수 있다.

기사와 인터뷰

Amgen in Venture With Regeneron, *The New York Times*, 1990.09.05.

Regeneron Has Research On The Brain, *Bloomberg*, 1992.07.26.

Regeneron Shares Drop After Drug Trials Stop, *The New York Times*, 1994.06.24.

Lay-offs follow suspension of clinical trials of protein, *Nature News*, Vol 370, 1994.07.10.

Merck's Ex-Chief Joins Tiny Biotech Company, *The New York Times*, 1995.01.10.

Amgen, Regeneron Say BDNF Isn't Effective, *Los Angeles Times*, 1997.01.11.

Procter & Gamble Agrees To Deal With Regeneron, *The New York Times*, 1997.05.14.

Biotech's New Watchword: Partnership, *Los Angeles Times*, 1998.01.03.

Wall Street and the commercial exploitation of the human genome, *World Socialist Web Site*, 2000.04.10.

Aurora Biosciences Receives Funding from the Cystic Fibrosis Foundation, *BIOPROCESS ONLINE*, 2000.06.05.

Vertex Buys Biotechnology Rival for $592 Million, *The New York Times*, 2001.05.01.

Aurora throws light on Vertex's aspirations, *Nature Biotechnology* 19, 2001.06.

A Drug Of Your Own, *The Ecomonist*, 2002.12.14.

Obesity Drug Trial Produces Disappointing Weight Loss, *The New York Times*, 2003.04.01.

Roy Vagelos Talks about Leadership and the Need for New Drug Pricing Policies, *Knowledge at Wharton*, 2004.06.02.

Hoping a Small Sample May Signal a Cure, *The New York Times*, 2006.02.07.

Vertex stock price shoots up on hepatitis C results, *MarketWatch*, 2006.02.07.

Exclusive: Biotech Regeneron on verge of big leagues, *Reuters*, 2010.05.12.

Genentech Statement on CAT Trial Data Published in the New England Journal of Medicine, *Genentech Statement*, 2011.04.28.

Success Long in Coming for Eylea, a Vision Treatment, *The New*

York Times, 2011.11.20.

Eylea may beat Lucentis on price, but what of Avastin?, *Fierce-Pharma*, 2011.11.21.

Regeneron: New York State of Mind, *Pharmaceutical Executive*, 2013.06.01.

Vertex's VX-702 Faces Uphill Battle, *Forbes*, 2013.06.19.

How Two Guys From Queens Are Changing Drug Discovery, *Forbes*, 2013.08.14.

Vertex's Incivek unseats Celebrex as fastest drug launch ever, *FiercePharma*, 2013.10.31

Drug makers' risks, patients' hopes, *The Boston Globe*, 2013.11.26.

Aiming to Push Genomics Forward in New Study, *The New York Times*, 2014.01.13.

Regeneron Chief Leonard Schleifer Becomes A Billionaire After 25 Year Search For New Drugs, *Forbes*, 2014.02.25.

From Startup to Billion-Dollar Biotech: An Inside Look at Vertex Pharmaceuticals, *The Motley Fool*, 2014.02.27.

4 Keys to Vertex Pharmaceuticals' Success, *The Motley Fool*, 2014.03.03.

A conversation with P. Roy Vagelos, *The Journal of Clinical Investigattion*, 2014.06.02., Published online

Vertex to end sales of hepatitis C drug Incivek, *Reuters*, 2014.08.14.

George D. Yancopoulos, MD, PhD, And the Regeneron Story, *Retinal Physician*, 2014.10.01.

Regeneron's Eylea beats Roche's Lucentis in new head-to-head study, *FiercePharma*, 2015.02.19.

Regeneron: A Biotech With Commercial Confidence From The First Compound, *Life Science Leader*, 2015.07.10.

Sanofi and Regeneron to end antibody R&D pact by year's end, *FiercePharma*, 2017.08.03.

For Vertex Pharmaceuticals, Can One Billion-Dollar Breakthrough Beget Another, *Forbes*, 2017.08.09.

George Yancopoulos, *Nature Reviews Drug Discovery*, Vol 17, 2018.03.28., pp. 234 – 235

How Wild Ideas Fuel Regeneron's George Yancopoulos, *Life Science Leader*, 2018.06.01.

Alfred Alberts, Unsung Father of a Cholesterol Drug, Dies at 87, *The New York Times*, 2018.07.03.

Vertex and Treating CF: Stepping Out on Long Road to 'Medical History', *Cystic Fibrosis News Today*, 2018.09.04.

Praluent's lower list price isn't yielding better sales yet, *BioPharma Dive*, 2019.04.26.

'A game-changer': How Vertex delivered on cystic fibrosis, *STAT*, 2019.10.23.

Trikafta's Approval the Outcome of '20-year Journey That Started with a Dream', Says Vertex CEO Jeffrey Leiden, *Cystic Fibro-*

sis News Today, 2019.10.30.

How A Medical Brainiac CEO Turned Brilliance Into Billions, *Investor's Business Daily*, 2020.07.16.

Trump just received Regeneron's experimental COVID-19 treatment. Here's the inside story of the biotech and its 2 billionaire founders, *Business Insider*, 2020.10.03.

Vertex Pharmaceuticals: Humanizing drug discovery, *Nature Portfolio*, 2020.11.11.

The end of an era: Regeneron chairman Roy Vagelos to retire after 29-year run, *FiercePharma*, 2023.04.17.

Exclusive: Vertex CSO David Altshuler talks non-opioid pain pills, AI and the myth of breakthroughs, *Endopoints News*, 2023.10.09.

Vertex founder Joshua Boger on surviving downturns, 'painful' partnerships, and the importance of culture: #JPM24, *Endopoints News*, 2024.01.12.

The top 10 pharma R&D budgets for 2023, *FierceBiotech*, 2024.03.18.

Merck CEO says Keytruda is 'not a repeatable model', *Endopoints News*, 2024.05.31.

논문

The Cystic Fibrosis Gene Is Found, *Science*, Vol 245, Issue 4921,
1989.09.01., pp. 923-925

Identification of the Cystic Fibrosis Gene: Cloning and Characteri-
zation of Complementary DNA, *Science*, Vol 245, Issue 4922,
1989.09.08., pp. 1066-1073

Randomised trial of cholesterol lowering in 4444 patients with
coronary heart disease: the Scandinavian Simvastatin Survival
Study (4S), *The Lancet*, Vol 344, Issue 8934, 1994.11.19., pp
1383-1389

Ultra-High Throughput Screening: Aurora Biosciences Unveils an
Integrated Platform Designed to Accelerate the Drug Discov-
ery Process, *SLAS Technology*, Vol 2, Issue 4, 1997.09., pp.
24-29

Aurora throws light on Vertex's aspirations, *Nature Biotechnology*,
Vol 19, 2001, p. 496

Ciliary neurotrophic factor activates leptin-like pathways and re-
duces body fat, without cachexia or rebound weight gain,
even in leptin-resistant obesity, *PNAS*, 98 (8), 2001.03.20.,
pp. 4652-4657

Recombinant Variant of Ciliary Neurotrophic Factor for Weight
Loss in Obese Adults A Randomized, Dose-Ranging Study,
JAMA, 289(14), 2003.04.09., pp. 1826-1832

High-throughput engineering of the mouse genome coupled with high-resolution expression analysis, *Nature Biotechnology*, Vol 21, 2003.05.05., pp 652 – 659

Mutations in PCSK9 cause autosomal dominant hypercholesterolemia, *Nature Genetics*, Vol 34, 2003.05.05., pp 154 – 156

Sequence Variations in PCSK9, Low LDL, and Protection against Coronary Heart Disease, *The New England Journal of Medicine*, Vol 354, No. 12, 2006.03.23., pp. 1264-1272

A recurrent mutation in the BMP type I receptor ACVR1 causes inherited and sporadic fibrodysplasia ossificans progressiva, *Nature Genetics*, Vol 38, 2006.04.23., pp. 525 – 527

Fighting fat, *Nature Reviews*, VoL 5, 2006.08.01.

Ranibizumab for Neovascular Age-Related Macular Degeneration, *The New England Journal of Medicine*, Vol 355, No. 14, 2006.10.05., pp. 1419-1431

An SCN9A channelopathy causes congenital inability to experience pain, *Nature*, Vol 444, 2006.12.14., pp. 894 – 898

Aflibercept, Bevacizumab, or Ranibizumab for Diabetic Macular Edema, *The New England Journal of Medicine*, Vol 372, No. 13, 2015.03.26., pp. 1193-1203

Lumacaftor and ivacaftor in the management of patients with cystic fibrosis: current evidence and future prospects, *Sage Jounals*, 2015.09.28., First published online

Myostatin blockade with a fully human monoclonal antibody induces muscle hypertrophy and reverses muscle atrophy in young and aged mice, *Skeletal Muscle*, Vol 5, No. 34, 2015.10.09.

Two Phase 3 Trials of Dupilumab versus Placebo in Atopic Dermatitis, *The New England Journal of Medicine*, Vol 375, No. 24, 2016.12.15., pp. 2335-2348

ALS Clinical Trials Review: 20 Years of Failure. Are We Any Closer to Registering a New Treatment?, *Frontiers in Aging Neuroscience*, 2017.03.22.

FDA deems in vitro data on mutations sufficient to expand cystic fibrosis drug label, *Nature Biotechnology*, Vol 35, 2017.07.12., p. 606

FDA OKs first in vitro route to expanded approval, *Nature Reviews Drug Discovery*, Vol 16, 2017.09.01., pp. 591 – 592

Relationship between alirocumab, PCSK9, and LDL-C levels in four phase 3 ODYSSEY trials using 75 and 150 mg doses, Journal of *Clinical Lipidology*, Vol 13, Issue 6, 2019.10.14., pp.979-988, Epub

영상

"2009 Five Ventures Conference: Vertex Pharmaceuticals"
https://www.youtube.com/watch?v=hkn1SrbeNgk

"Founder Stories: Founders of Regeneron, one of the world's greatest drug developers"
https://www.youtube.com/watch?v=F_mmXToIifQ

"Founder Stories: Joshua Boger, Founder and Former CEO of
   Vertex Pharmaceuticals"
   https://www.youtube.com/watch?v=rlP_BdU197I
"George D. Yancopoulos: From Academia to Starting and Build-
   ing a Major Biotech Company"
   https://laskerfoundation.org/george-d-yancopoulos-from-
   academia-to-starting-and-building-a-major-biotech-company/
"Humanizing Drug Discovery – Keynote with David Altshuler"
   https://www.youtube.com/watch?v=fomngkdYWGY

좋은 바이오텍에서 위대한 바이오텍으로

버텍스와 리제네론에서 찾아낸 신약개발의 법칙

2024년 10월 11일 초판 1쇄 찍음
2024년 11월 15일 초판 2쇄 펴냄

지은이 김성민
일러스트 김성민

책임편집 다돌책방
디자인 프라이빗엘리펀트
본문조판 아바 프레이즈

마케팅 서일
펴낸이 이기형

펴낸곳 바이오스펙테이터
등록번호 제25100-2016-000062호
전화 02-2088-3456
팩스 02-2088-8756
주소 서울 영등포구 여의대방로69길 23, 한국금융아이티빌딩 6층
이메일 book@bios.co.kr

ISBN 979-11-91768-09-1 03470